いちばんはじめのプログラミング

Scratchで、作りながらかんたん・たのしく学ぼう

たにぐち まこと［著］

Scratch 3 対応

はじめに

みんなは普段、パソコンをどんな風に使っているかな？ 学校で勉強のために使っていたり、または家のパソコンでゲームをしたり、インターネットをしたりと、いろいろなことに使っているんじゃないかな？

でも、そのパソコンで普段遊んでいるゲームや、ソフトが自分の手で作れたらどうだろう。今よりも、もっと楽しい世界が待っているよ。

この本では、そんなゲーム制作などに使われる「プログラミング」と呼ばれるものについて学んでいくよ。もしかしたら、すでに学校の授業や、本などで勉強しようとしたかもしれない。でも、ちょっと難しくて勉強をやめてしまったり、なかなか進まなかったりしているかもしれない。確かに、プログラミングの勉強は慣れるまで意外と大変だよね。

でも大丈夫、この本で使う「Scratch」というソフトは、誰でも簡単にプログラミングの学習ができるように作られた、学習用ソフトなんだ。「ソフト」といっても、面倒なことは何もなし、Webブラウザーさえあればすぐに始めることができるよ。

しかも、作れるものは意外と本格的。音楽を鳴らしたり、キーボードやマウス操作に反応したキャラクターが動作したり、本格的なゲームを作ることもできるんだ。

この本では、簡単なプログラムから始めて、ピアノ、計算ゲーム、回避ゲーム、シューティングゲーム、キャッチングゲームという6本の作品を作っていくよ。順番に読み進めていけば、ゲームの作り方やプログラミングの考え方がしっかり身に付くので、じっくり取り組んでみてね。

この本を通じて、1人でも多くの人がプログラミングの面白さ、コンピューターの楽しさに興味を持ってもらえたらうれしく思います。

2019年3月　たにぐちまこと

本書は、2015年に出版されたものを、2019年に公開された「Scratch 3」に合わせて改訂したものです。プログラムの内容は前著と同様ですが、新しい画面で解説し直し、イラストを新しく作り替えました。

はじめるまえに

サンプル作品の遊び方

この本で作るゲームは、次の方法であらかじめ遊んでみることができるようになっているよ。ぜひ、自分で作る前にさわってみて、どんなゲームを作るのかを知っておこう。ここで紹介するゲームには、パソコンからアクセスしてね。タブレットでも操作できるけど、注意が必要だから、13ページを見てね。

サポートページを開こう

最初に、パソコンでWebブラウザーを起動しよう。Webブラウザーというのは、インターネットを見るためのソフトで、普段は「インターネット」「インターネットエクスプローラ」なんていう名前で呼んでいるかもしれない。いろんな種類があるから、パソコンによって、使っているソフトは違っているかもしれない。分からなかったらお父さん、お母さんに聞いてみてね。

1 のようなアイコンをクリックして使っていることもあるよ。

Webブラウザーを起動して、次のように検索しよう。入力したら［Enter］キーを押すよ。

いちばんはじめのプログラミング

表示された中から、2のような結果をクリックしよう。これが本のサポートページだよ。一番上に表示されるとは限らないので、この結果を探してね。

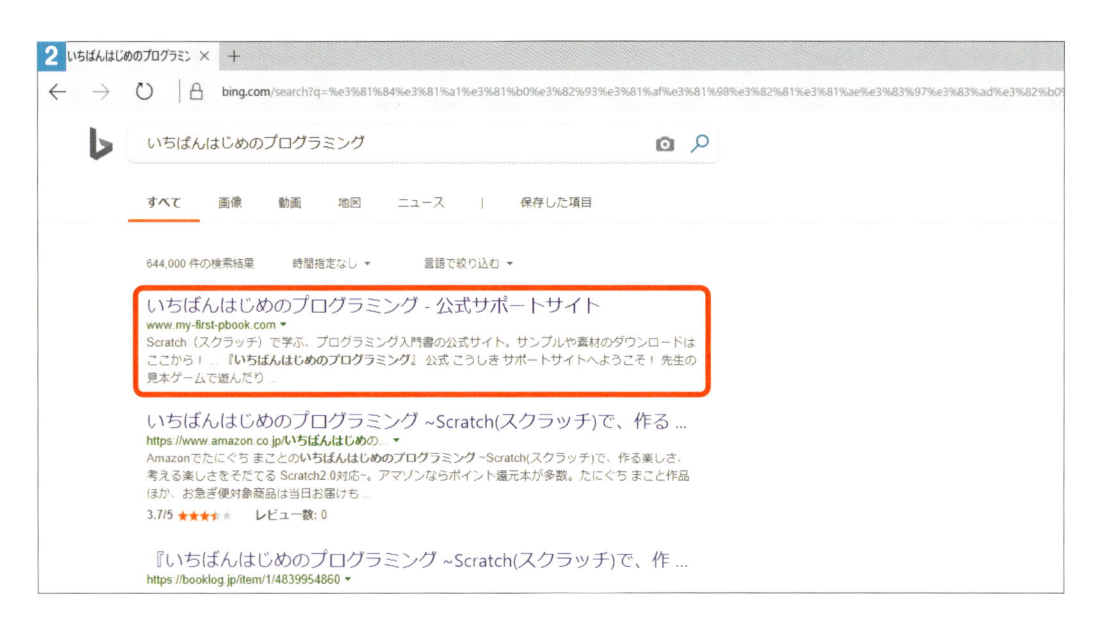

うまく見つからない場合は、次のアドレスをWebブラウザーに入力してもいいよ。検索をするボックスと、アドレスを入れるボックスは、普通は違う場所にあるので気をつけてね。英数字が入っているのがアドレス用のボックスだよ（3）。

https://my-first-pbook.com

もしどちらもうまくいかなかったら、右のQRコードを携帯電話やスマートフォンで読みとって、その結果を自分のパソコンのメールに送って、そこからアクセスしてみる方法もあるよ。

ゲームの遊び方

このページで、本で登場する各ゲームを実際に遊ぶことができる。それぞれ、画面真ん中にあるのマークをクリックして、遊んでみてね。

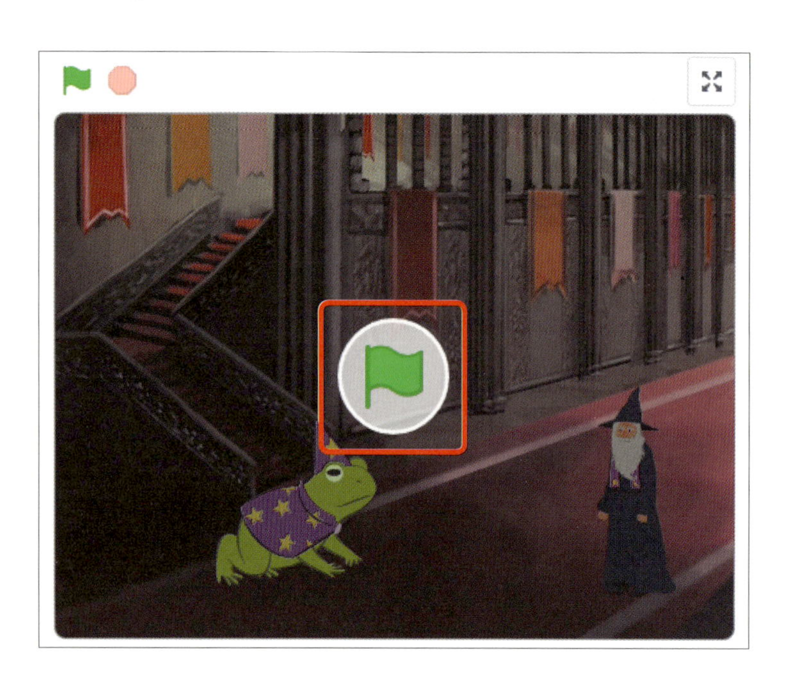

途中でゲームをストップするときは、のマークをクリックしよう。
また新しく始めるときは、のマークをクリックするよ。

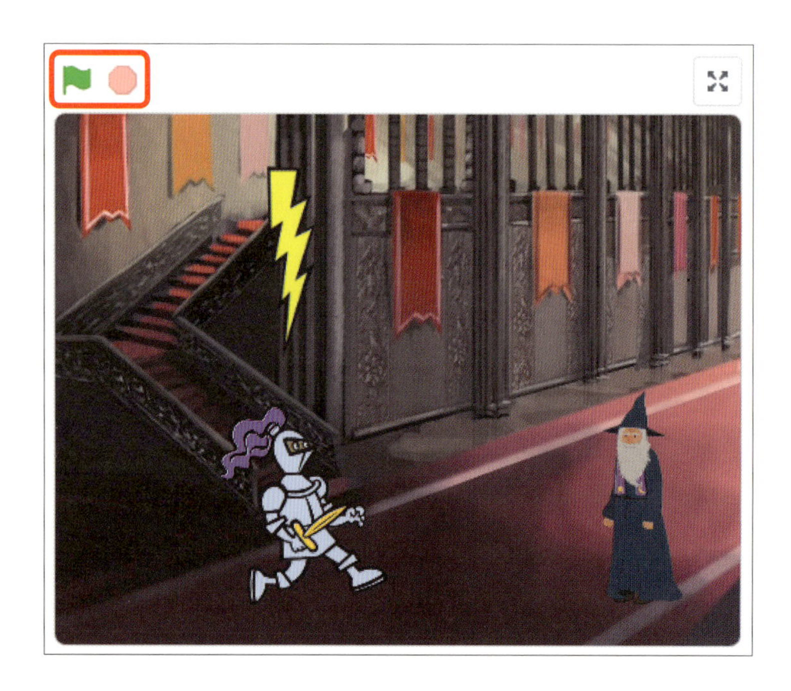

各ゲームは、以下のような内容になっているよ。

1章：「カエルになったナイト」

お城の中で、魔法使いと対決する劇を作ろう

2章：「くじらピアノ」

音色を変えられる電子ピアノを作ろう

3章：「ペンギン先生の計算ゲーム」

自動で問題を出して解答できるゲームを作ろう

4章：「ひつじヘルプ」

カーソルキーで操作して敵を避けるゲームを作ろう

5章：「うちゅうでシューティング」

弾を発射して、敵を倒すゲームを作ろう

6章：「ぼくじょうのおてつだい」

落ちてくるタマゴをマウス操作で拾うゲームを作ろう

はじめるまえに

はじめる前に
やっておいてね!

この本で使う素材のダウンロード

この本では、プログラミングでいろいろな素材（イラスト）データを使っていくよ。このデータは学習を始める前にあらかじめダウンロードしておこう。

保護者の方へ

データのダウンロードは、パソコンの状態によって、以下の説明どおりにいかない場合もあります。少し難しいので、一緒に操作してあげてください。

ダウンロードの方法

4ページに書いてある方法で、本のサポートサイトを開いてね。
「材料BOXをダウンロード」（1）をクリックして、データを保存するよ。ユーザー名とパスワードを聞かれるので、右のように入力して「OK」を押そう。必ず半角で入力してね。

ユーザー名	6809
パスワード	f57da4ah

1

もし、どのように保存するか聞かれたら「名前を付けて保存」を選ぼう（2）。
保存先は、ここでは分かりやすいように、画面の左側で「デスクトップ」を選んで保存するよ（3）。Webブラウザーの設定によっては、自動的にどこかのフォルダーにダウンロードされてしまうこともあるので、その場合はダウンロードされたファイルをコピーしてデスクトップにペーストしておくなどしておこう。

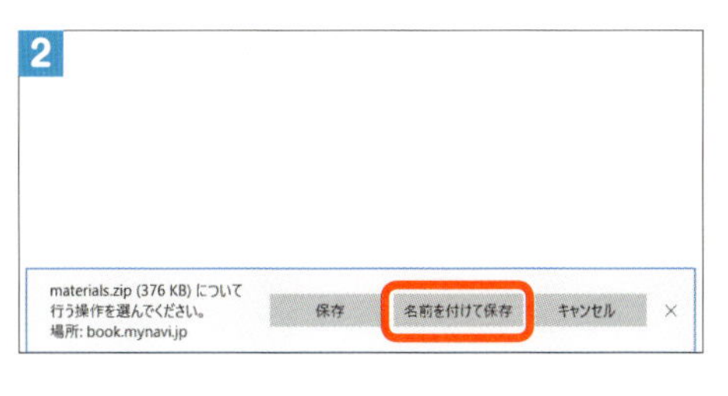

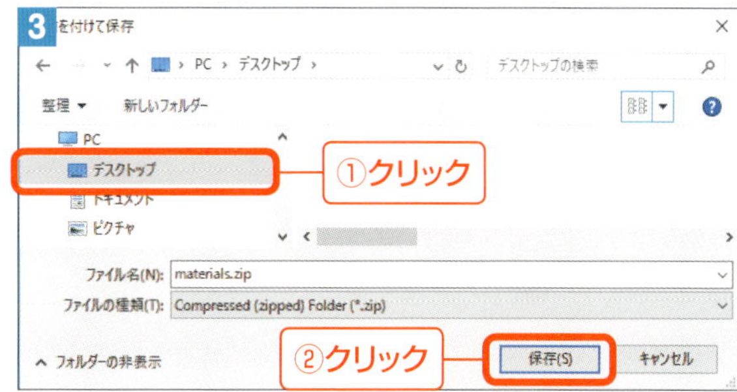

Windowsでは、ダウンロードしたファイルのままでは使えないので、デスクトップにある「materials.zip」を解凍するよ。ファイルの上で右クリックして「すべて展開」をクリックしよう。「材料BOX」というフォルダができるよ。macOSでは、ダウンロードしたファイルは自動的に解凍されるので、そのまま利用できる。

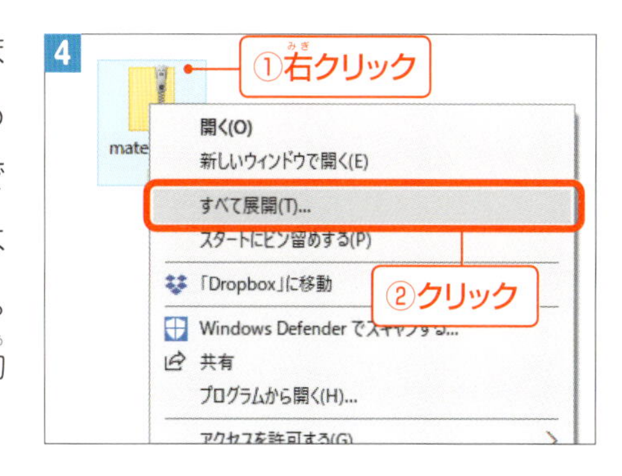

素材データを読み込む場合

これで準備はできたよ。このまま先のページに進んでもいいけれど、本の中でデータを使うときにどんな操作をするのか、説明しておくね。

スクラッチでデータを使う場合は、まず、**1**のように「スプライトを選ぶ」ボタンにマウスをあてて、表示されるメニューから「スプライトをアップロード」をクリックして、ファイルを選択する画面を出す。この画面はパソコンによって見た目や名前が異なるよ。たいていの場合、画面の左側に「デスクトップ」があるのでクリックしよう。

「材料BOX」を開くと、章ごとのフォルダーがあるので、目的の章の名前をダブルクリックして開く（2）。

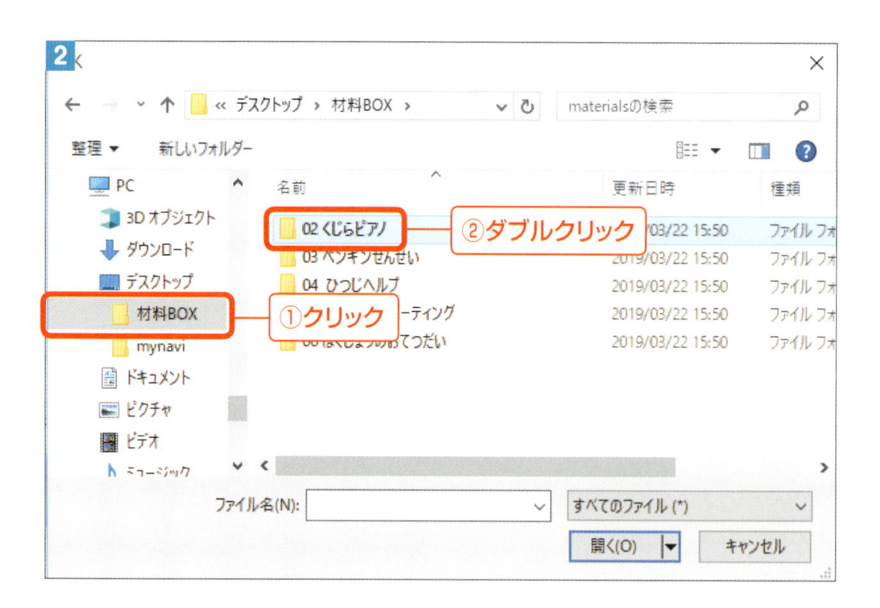

素材ファイルが表示されるので、読み込みたいファイルをダブルクリックする（3）。これで画面に読み込まれるよ。これでOKだ。

保護者の方へ：本書の使用環境について

Scratch 3の動作には、次の動作環境が必要です。

- **Windows** ➡Edge 15以降、Firefox 57以降、Chrome 63以降のブラウザー
- **macOS** ➡Safari 11以降、Chrome 63以降、Firefox 57以降のブラウザー
- **Android** ➡Chrome 62以降
- **iOS(iPhone / iPad)** ➡Safari 11以降

「Edge」（1）や「Safari」（2）というのはWebブラウザーの名前です。Windowsには「Edge」、macOSには「Safari」が搭載されており、「Firefox」や「Chrome」などは無料でインストールできるWebブラウザーです。

1

2

Webブラウザーの後ろについている番号は、バージョン番号です。一般的には、Webブラウザーの「ヘルプ」メニューや「設定」メニューからバージョンを確認できます（3）。

3

このアプリについて

Microsoft Edge 38.14393.2068.0
Microsoft EdgeHTML 14.14393
© 2016 Microsoft

もし、Windows 7以前の環境を利用している場合、標準でインストールされている「Internet Explorer」が Scratchに対応していません。そのため、次のいずれかの方法を取る必要があります。

- Windows 8.1以上にアップグレードする
- Chrome等の対応ブラウザーをインストールする

これらが行えない環境の場合は、Scratchを利用することができませんのでご注意ください。
Chromeのインストールは、以下のURLから行えます。

https://www.google.co.jp/chrome/

これらが行えない環境の場合は、Scratchを利用することができませんのでご注意ください。タブレット（13ページもご覧ください）などを別途利用すると良いでしょう。

ベーシック 基本的な操作のおさらい

この本で学習していく上で必要な、基本的なパソコンの操作をおさらいしておこう。

●マウスカーソル

本の中で、「カーソル」「マウスカーソル」などのような言葉がでてくることがある。「マウスカーソル」というのは、画面上で、マウスを動かすと一緒に動くマークのことで、小さな矢印の形をしていることが多いよ（1）。文字を入力するところでは、縦の線の形になることもある（2）。

1
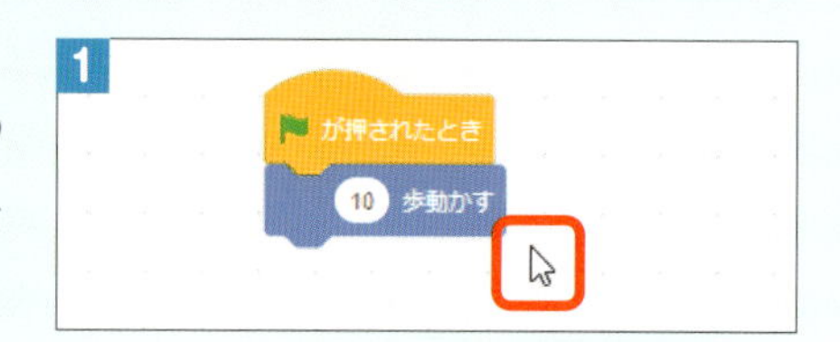

2
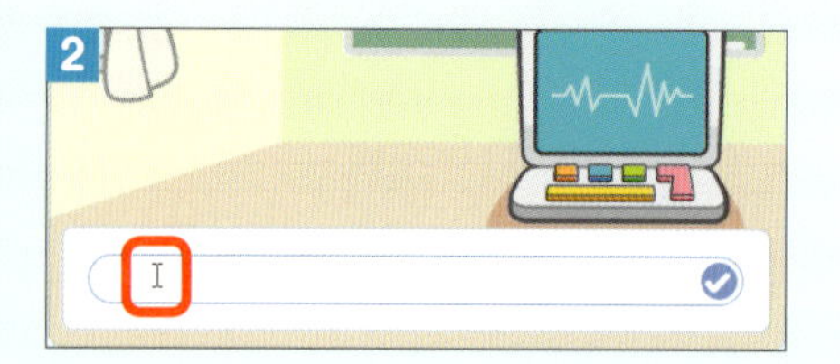

●クリック・右クリック・ダブルクリック

本の中で「クリック」と書いてあったら、マウスの左側のボタンをクリックするよ（3）。「左クリック」ではなく、単に「クリック」と書いてあるから注意してね。

「右クリック」と書いてあったら、マウスの右側のボタンをクリックするよ（4）。「右クリック」は何かの上ですることが多いので、マウスカーソルの場所に気をつけてね。

「ダブルクリック」は、続けて2回、マウスの左側のボタンをクリックすることだ。「カチカチ」と2回続けて左側のボタンを押してね（5）。

3
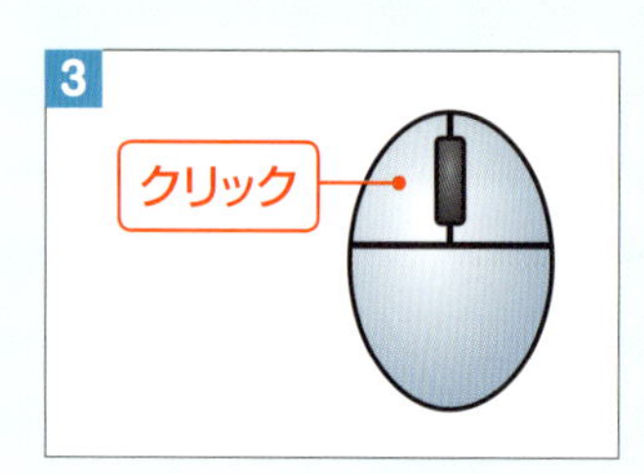

4
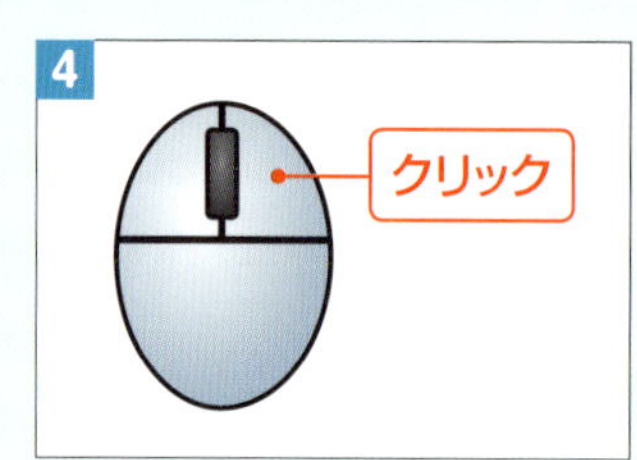

5

●ドラッグアンドドロップ

「ドラッグアンドドロップ」は、画面上で何かを動かす場合によく使う操作だよ。まず、動かしたいものの上でクリックして、そのままボタンから指をはなさずに、マウスを動かしてね。そして動かしたい先の場所にカーソルがきたら、ボタンから指をはなすよ（6）。

6
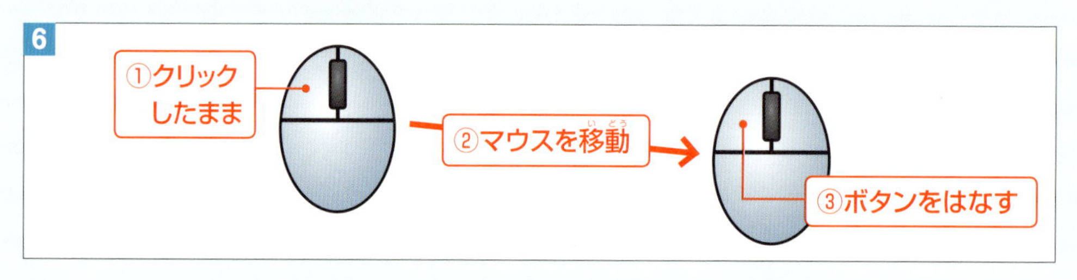

ベーシック タブレットでの利用について

スクラッチ3は、iOS/Androidのタブレット端末でも利用できるよ。ただし、本書で作成する作品は、キーボードを使うものがあるから、本書の内容を作ったり遊んだりする場合は、そのタブレットに接続できるキーボードを用意してね。

そして、スクラッチ3を利用するには、タブレットのブラウザーで、検索サイトから「Scratch」と入力してアクセスするか、次のURLにアクセスしよう。21ページの方法と同じだから、そちらも参考にしてね。

https://scratch.mit.edu

ただし、本書はPCブラウザーで利用する場合の説明になっているので、タブレットでは用語を次のように読み替えてね。

- （左）クリック → タップ
- ダブルクリック → ダブルタップ
- 右クリック → 長押し

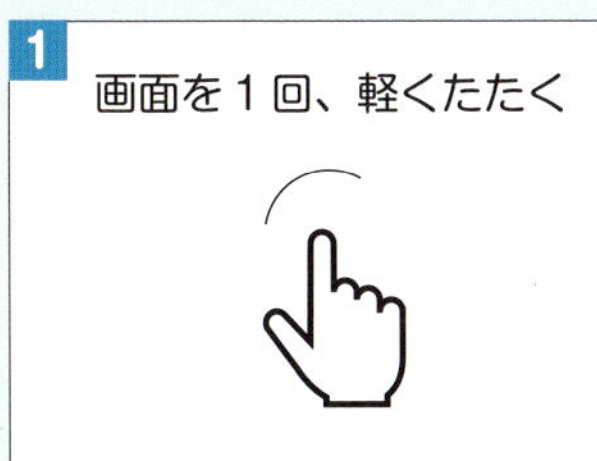

また、スクラッチの画面が4のように左半分しか表示されないときは、4のように指でスライドすると右側が見れるようになるよ。

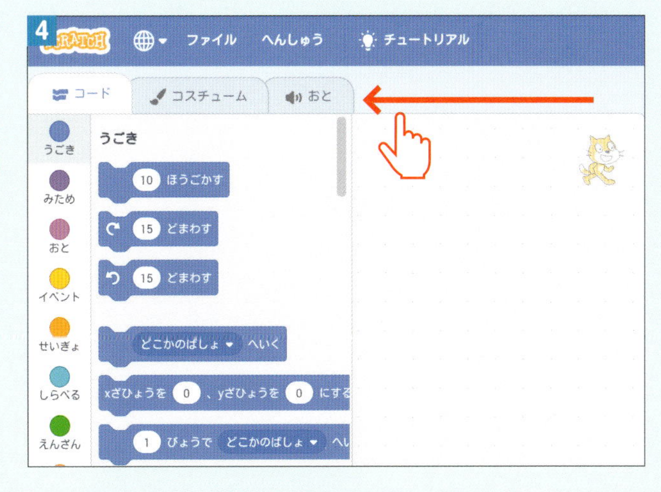

本書用に、タブレットで使いやすいように素材を読み込んだ状態のスクラッチのプロジェクトを用意しているので、詳しくはサポートサイトを見てね。

Contents

ご注意

- 本書は「Scratch」を使ったプログラミングの解説書です。「Scratch」はMITメディアラボ ライフロングキンダーガーテングループにより提供されています。「Scratch」の技術、サポート情報やバージョンアップなどに関しては、「Scratch」のWebサイト（https://scratch.mit.edu/）をご参照ください。
- 「Scratch」を利用するには、インターネットに接続しているパソコン（Windowsまたはmac OS）が必要です。
- 本書で使用している「Scratch」は、2019年3月現在のものです。書籍発行後に「Scratch」の画面やサービスが変更になる場合があります。あらかじめご了承ください。
- 本書はプログラミングの基本を学習することを目的としているため、本書で触れていない機能もあります。
- 本書中の記述は、WindowsやmacOSの基本操作を習得していることを前提としています。WindowsやmacOSの機能および操作方法に関しては、入門書を参考にしてください。
- 本書の制作にあたっては正確な記述につとめましたが、著者や出版社のいずれも、本書の内容に関して何らかの保証をするものではなく、内容に関するいかなる運用結果についても一切の責任を負いません。あらかじめご了承ください。
- 本書中の会社名や商品名は、該当する各社の商標または登録商標です。本書中では™マークや®マークは省略させていただいています。
- 本書で使用している素材の配布および、補足情報、サンプル作品の公開は、以下のURLで行っています。
  https://my-first-pbook.com
- 本書で配布している素材の著作権はそれぞれの著作者が保有しています。
- Scratch is developed by the Lifelong Kindergarten Group at the MIT Media Lab. See https://scratch.mit.edu.

スクラッチで
たのしくプログラミングしよう

これから
はじまるよ!

スクラッチをさわってみよう

スクラッチに入会しよう!

新しいファイルを作って、キャラクターを動かしてみよう!

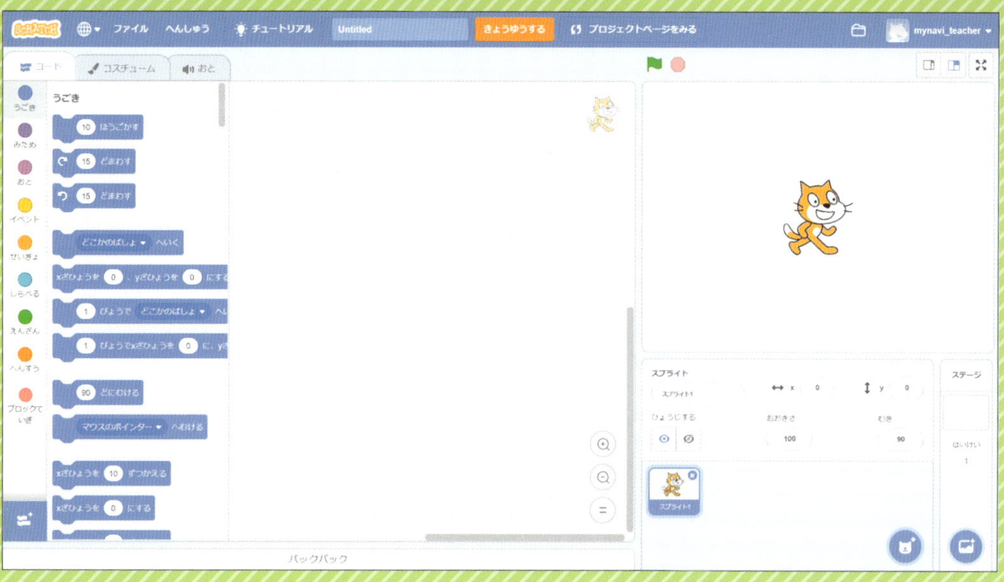

それでは、いよいよスクラッチをさわってみよう。スクラッチは、インターネットで使うサービスで、Webブラウザーで入会すればすぐに使い始めることができるよ。パスワードさえ忘れなければ、学校のパソコンでも家のパソコンでもサインインして、どこでも使うことができるから便利だね。

スクラッチのみりょくは、簡単にプログラムが作れて、すぐに動かして見られること。キミの好奇心のおもむくままに、いろいろ作って、ためしてみることができるよ。

ぜひ、どんどんさわって慣れていってみてね。

スクラッチを起動しよう

スクラッチを使うのは簡単。普段、インターネットを見ているソフト（Webブラウザー）を開いて「scratch」と入力して検索してみよう（1）。

保護者の方へ

Scratchを起動して、入会するまでは、なるべく一緒に操作してあげてください。
スマートフォンや携帯電話ではなく、パソコンまたは、iPadなど（13ページをご覧ください）からアクセスし、Webブラウザーは、Edge、Firefox、Chromeのいずれかを使ってください。Internet ExplorerはScratchの対象外です。本ではEdgeを使用した場合の画面を掲載しています。
検索の際は、「scratch」と英語で検索したほうが、正しい検索結果に早くたどり着けるのでおすすめです。

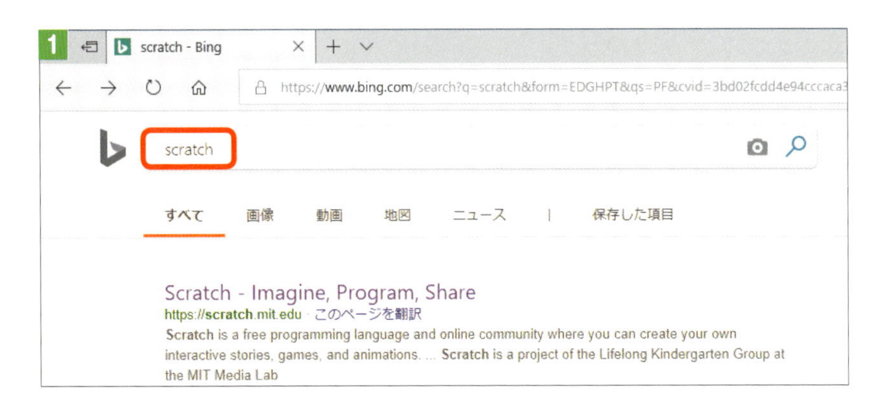

検索結果の中から、2の結果をクリックしよう。

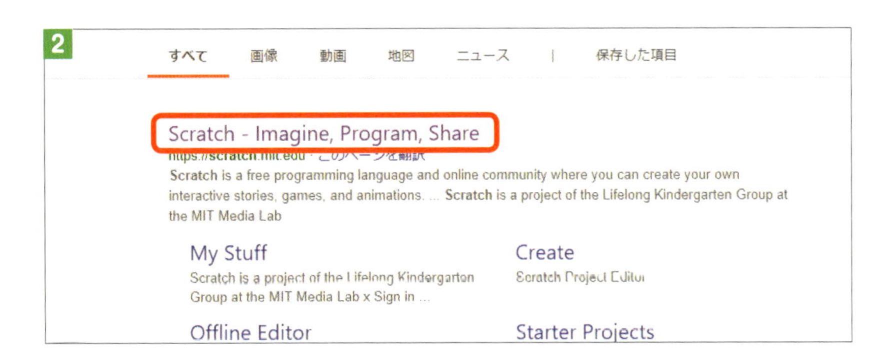

または、次のアドレス（「URL」というよ）を、Webブラウザーのアドレス用のボックス（5ページを見てね）に入力してもアクセスできるよ。

https://scratch.mit.edu/

3の画面が表示されたら起動完了。

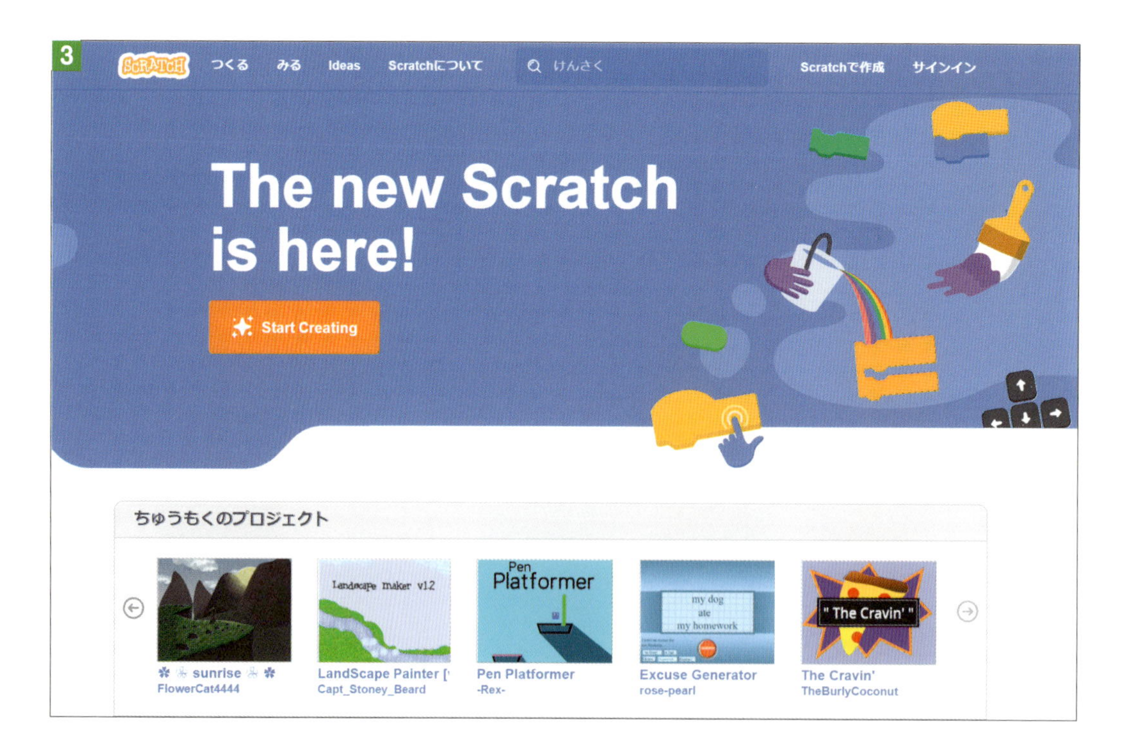

アクセスしたら、いつも使いやすいように、ブックマークやお気に入りに保存しておくと便利だよ（4）。

スクラッチに入会しよう

スクラッチを使うには、無料の「入会手続き」が必要なんだ。それほど大変な手続きではないので安心してね。まずは、右上の「Scratchに参加しよう」リンクをクリックしよう（1）。

すると、2のような小窓が開くのでユーザー名（ニックネームのようなものだね）、パスワードを入力するよ。パスワードは、忘れないようなな、また、できるだけ難しいものにしよう。

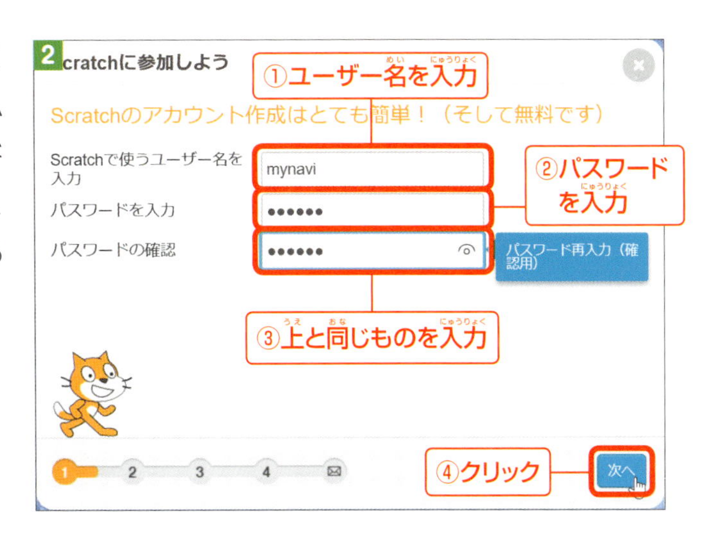

「次へ」ボタンをクリックすると、続いて生年月日や性別などを聞かれるよ。自分に合ったものをそれぞれ選ぼう。「国」のところは日本なら「Japan」を選ぶよ（3）。

そして、メールアドレスを入力すれば（4）入会手続き完了。「さあ、はじめよう！」ボタンをクリックすると（5）、メインページにジャンプするよ。

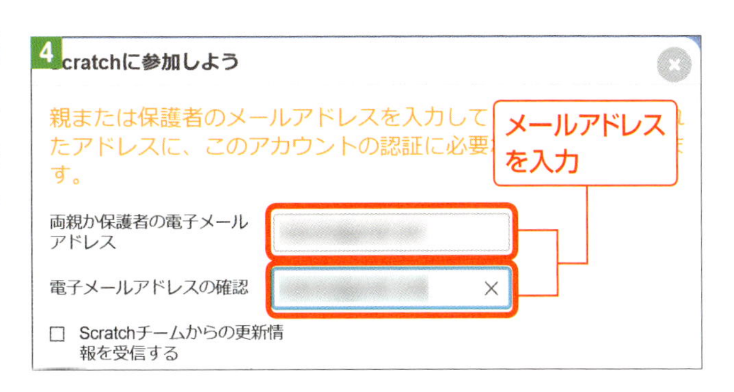

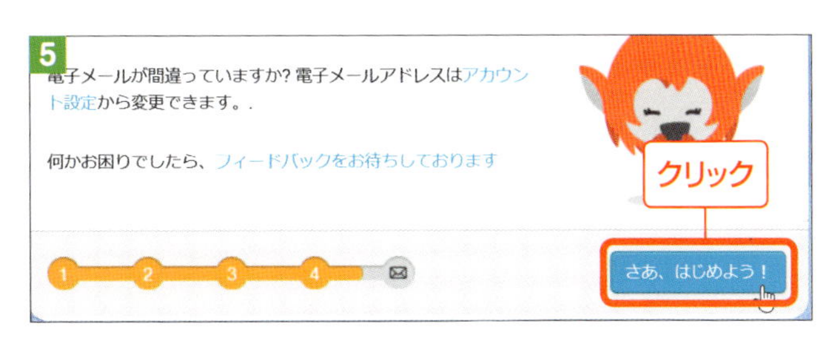

右上のニックネームが、自分のものになっていることを確認してね（6）。

自分のパソコンを使ってる場合はこのままにしておけば、次回からはスクラッチを起動すると自動的にサインインされた状態になる。もし、学校のパソコンなどで他の人も使う場合は、必ず作業が終わったときに、右上のニックネーム部分をクリックして、「サインアウト」を選ぼう（7）。サインアウトしないと、いたずらされてしまうかもしれないよ。

新しい作品を作成してみよう

それでは、さっそくスクラッチをさわってみるよ。もしサインアウトしている状態なら、右上の「サインイン」ボタンをクリックしてユーザー名とパスワードを入力しよう（1）。

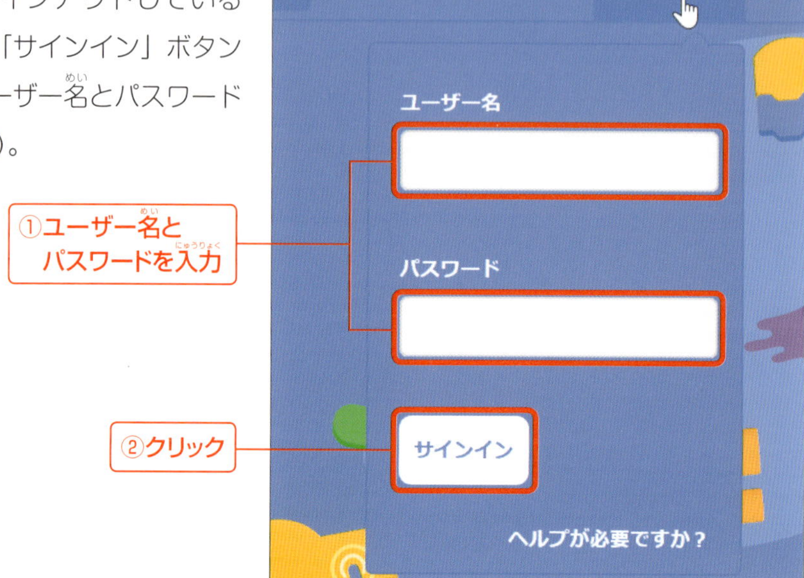

左上の「作る」メニューをクリックすると（2）、新しい作品の画面が表示されるよ（3）。

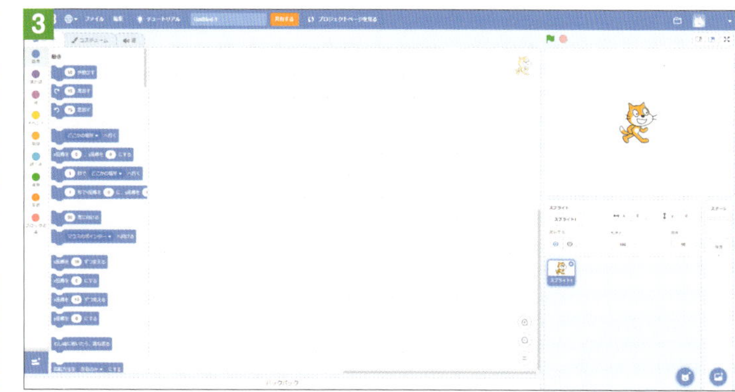

スクラッチの表示言語を変更しよう

スクラッチのメニューやブロックは漢字交じりだったり、英語だったりする。読みにくいので、ひらがなの表示にしてみよう。画面左上の地球儀のようなマークをクリックするよ（4）。

リストの中から「にほんご」とひらがなで書かれたリストをクリックすると、全部ひらがなになって読みやすくなるぞ（5）。

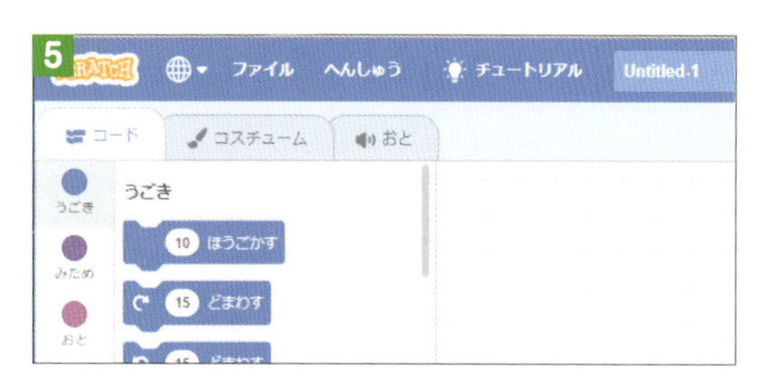

もし、5の画面に入った後に、さらに新しい作品を作成する場合は、左上の「ファイル」メニューから「しんき」（6）を選ぶよ（「しんき」は「新しい」という意味だよ）。ここでは新しく作らず、そのまま進もう。

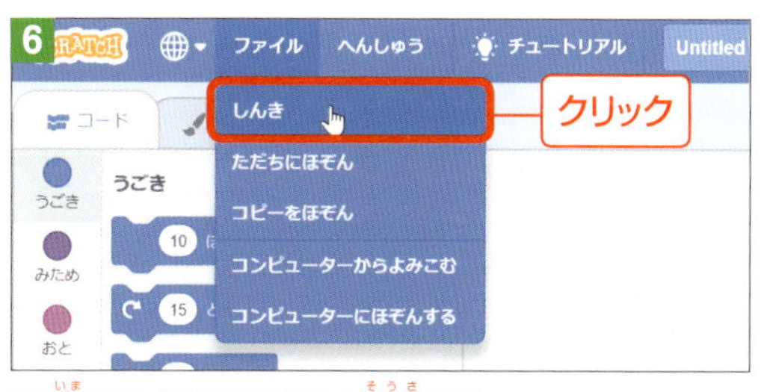

※今はやらなくていい操作だよ

画面の右上に、ネコのキャラクター（スクラッチキャットという名前のネコだよ）が表示されているね（7）。この部分を「ステージ」といって、日本語では「舞台」といった意味だね。このステージに「スプライト」というキャラクターを置いていくことができる。スプライトは、コンピューター用語だけど、ここでは「役者（演技する人）」と思っておくと、分かりやすいかな？

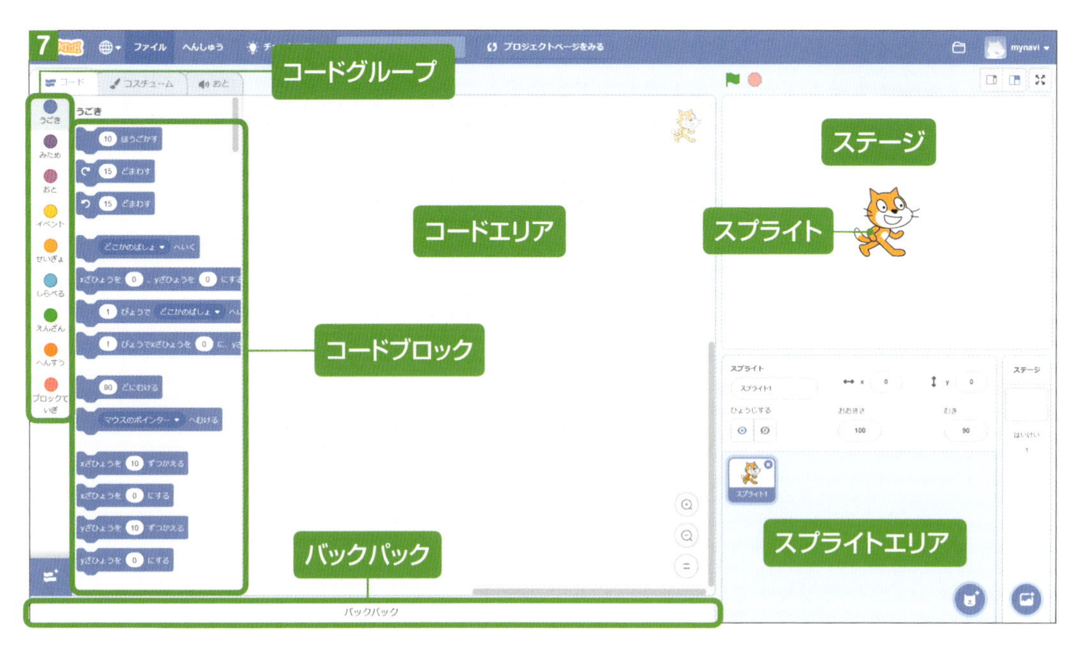

それでは、新しいキャラクターに登場してもらおう。「スプライトをえらぶ」ボタンをクリックすると（8）、たくさんのスプライトが登場するよ（9）。

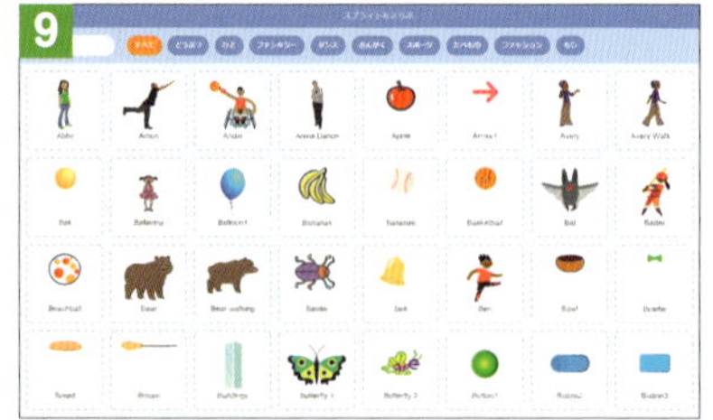

好きなスプライトをクリックすると青い枠が表示されるので、クリックしよう（10）。選んだスプライトがステージに表示されるので、マウスでドラッグアンドドロップすれば、自由な場所に移動できるぞ（11）。

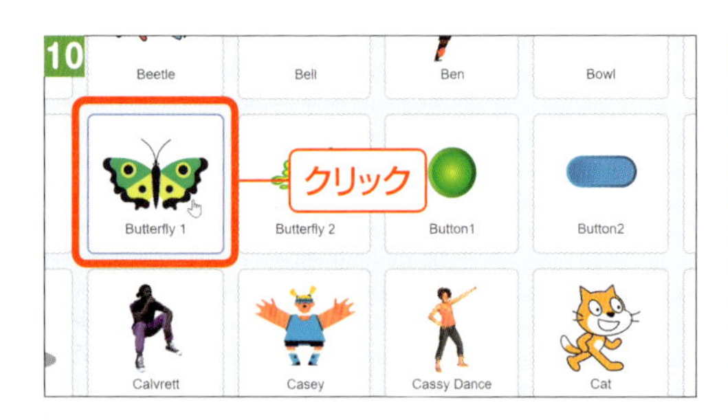

もし、違うスプライトにしたい場合は、スプライトエリアで削除したいスプライトをえらんで、右上の ✖ ボタンをクリックするか（12）、右クリックして「さくじょ」を選ぼう。こうして、ステージ上をはなやかにしていくぞ。

背景を設定しよう

ステージには、背景を設定することもできる。1の「はいけいをえらぶ」ボタンをクリックするとたくさんの背景が表示されるので、スプライトを選んだときと同じように、好きなものを選んでみよう（2）。

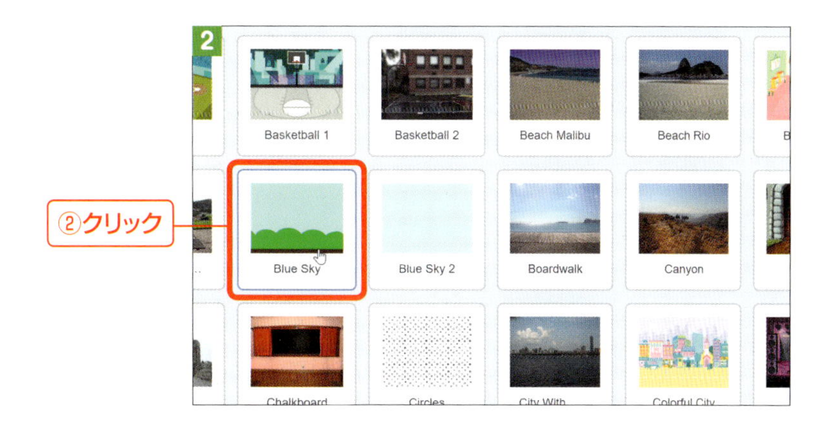

ステージの背景が変わるぞ。スクラッチキャットが宙に浮いたようになってしまったので、ちゃんと地面に移動しておこう（3）。

スクラッチキャットを歩かせよう

こうして、ステージにスプライトを配置したら、いよいよブロックの出番だ。このスプライトを自由に動かすことができるぞ。ここではスプライトエリアでスクラッチキャットを選択して、青い枠が表示されている状態にしておいてね（1）。

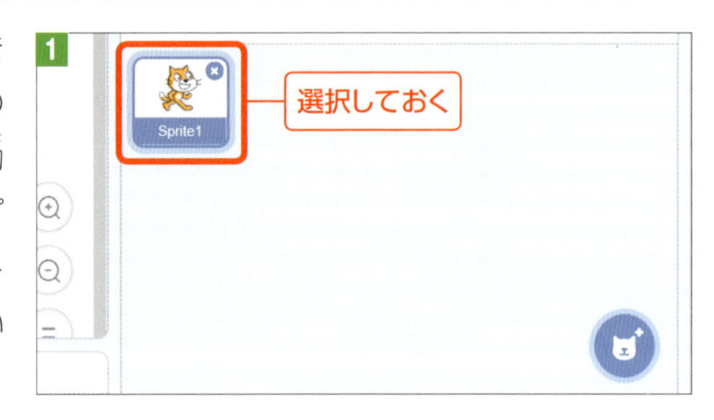

画面の真ん中を見ると、たくさんの「ブロック」が並んでいる。もしも、画面が図のようにブロックではないものが表示されてしまっている場合は、画面左上の「タブ」を選んで「コード」にしておいてね（2）。ここにあるブロックは、マウスでつかんで右側の広いエリア、「コードエリア」にドラッグアンドドロップできるんだ。

まずは、スクラッチキャットを歩かせてみよう。

10 ほうごかす というブロックを、ドラッグアンドドロップでコードエリアに置こう（3）。もし、ブロック一覧にこのブロックがない場合、4のコードグループで「うごき」というグループになっていることを確認してみて。

コードエリアに置いたブロックをクリックすると、スクラッチキャットが歩くよ（5）。何度もクリックすれば、その分だけ動いていく。画面のはじまで来てしまったら、スクラッチキャットをつかんでもう一度左隅まで移動しよう（6）。

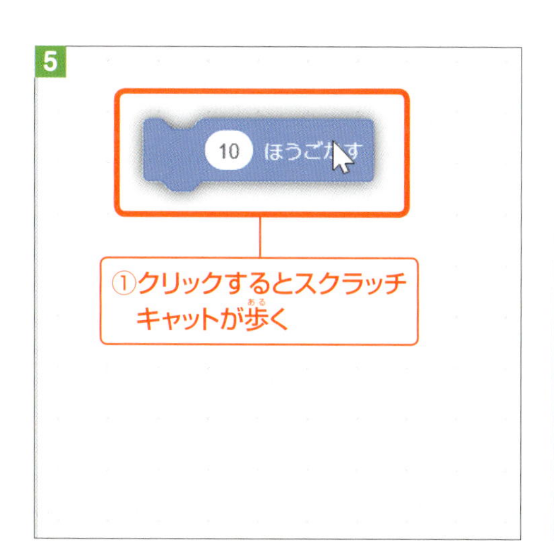

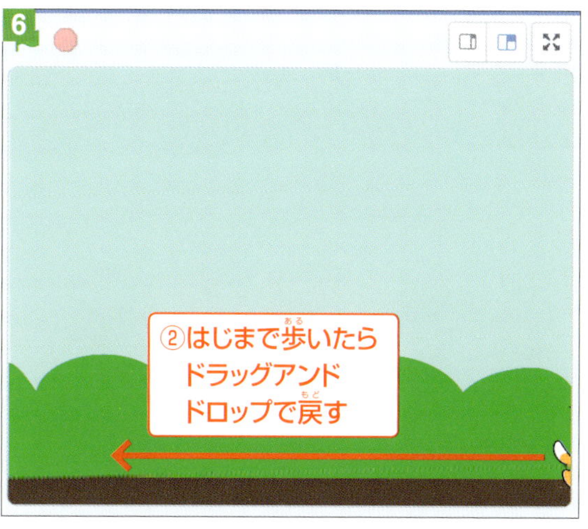

この調子で、他のスプライトも自由に動かしてみよう。他のブロックで動きを試してみても良いよ。くるくる回ったりセリフをしゃべったり、キミの指示に従って自由に動き出すね。ただし、ブロックの種類によっては、なにも起こらない場合もある。そういうブロックの使い方はこの後、説明していくよ。

ステップアップ 1歩ってどのくらい？

「10 ほうごかす」というブロックの「1歩」は、どのくらいの大きさなんだろう？　これは実は「1ピクセル」という大きさのことで、「ピクセル」とはコンピューターの単位のことなんだ。コンピューターの画面は、光の粒が集まって作られているんだ。その数、100万個以上になることもある。

この、光の粒を「画素」や「ドット」といい、1粒の単位を「ピクセル」というんだ。つまり、「1歩動かす」というのは、画素1つ分動くってことだね。

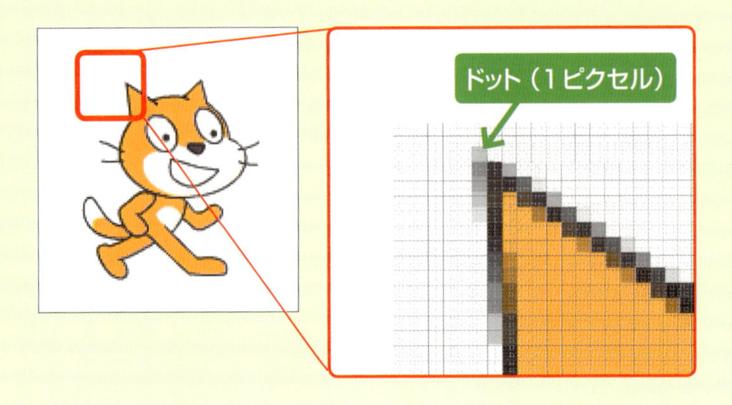

ステップアップ コードってなに？

スクラッチの中では「コード」という言葉が使われているね。正確には「プログラムコード」などといって、スクラッチに、あらかじめ決められた命令（=プログラム）を伝えるための、符号（=コード）のことなんだ。プログラムのことを「スクリプト」と呼ぶこともあるけれど、同じような意味だよ。

スクラッチではコードブロックをコードエリアに置くことで、「プログラム」を作っていく。コード、プログラム、スクリプトは、正確には違うものだけれど、この本を読む上では、どれも同じような意味で使われていると思って大丈夫だよ。

保存しよう

キミが作った作品は、スクラッチの中に保存しておくことができる。これは、インターネット上に保存されるので、たとえば学校などで作った作品を、家に帰ってから続きをやったり、作品で遊んだりもできるんだ。保存する場合は、「ファイル→ただちにほぞん」メニューをクリックしよう（1）。今の作業が保存されていない時は、画面の右側に「ただちにほぞん」というボタンが表示されるので、これをクリックしてもいいよ（2）。

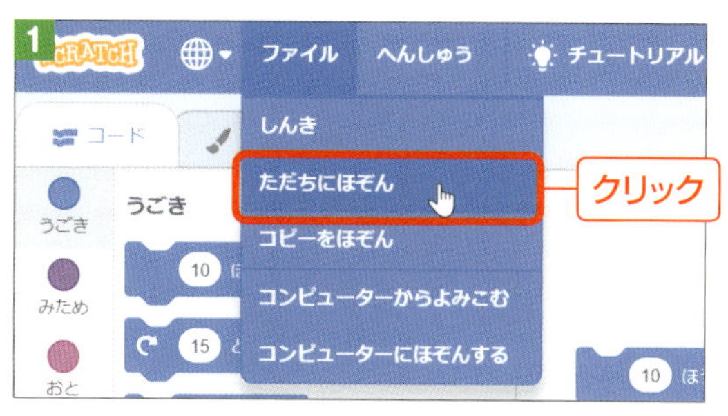

作業中は、誤って削除しないようにこまめに保存しておこうね。

保存した作品を呼び出そう

保存した作品は、スクラッチの画面の右上に表示されている自分のユーザー名をクリックして、「わたしのさくひん」をクリック（1）すると、一覧が表示される。編集したい作品を選んで「中を見る」をクリックすれば編集再開だ（2）。

ちなみに、作品名や画像をクリックした場合は「プレビュー画面」になって、作った作品を見る画面になるぞ。後で、ここで作った作品を世界中に公開できるようになるので、がんばって作っていこう！

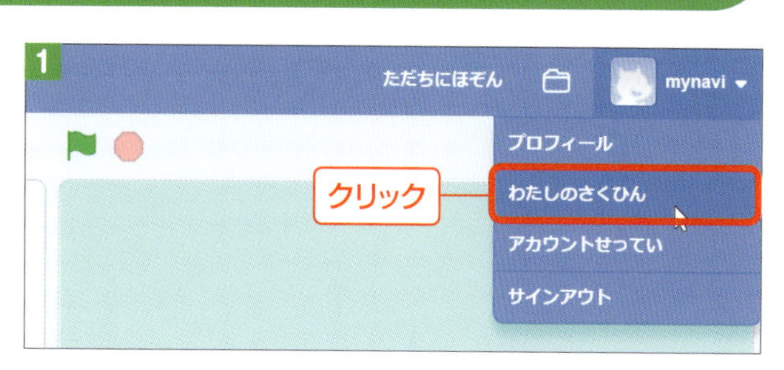

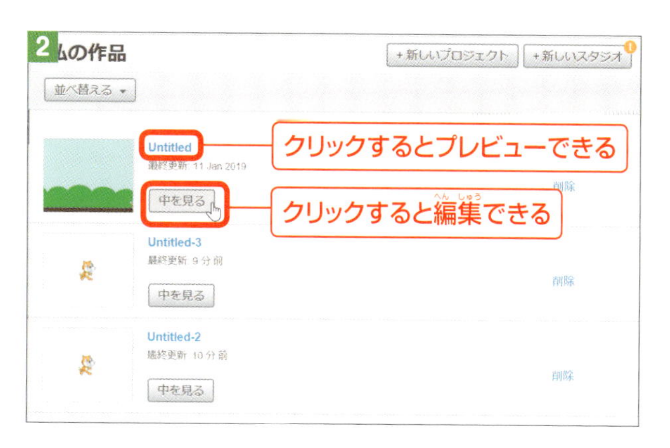

ステップアップ ブロックの操作を練習しよう

スクラッチを使っていく上で、ブロックのつなぎ方はとても大切。他のところの説明と重なる内容もあるけれど、ここではまとめてブロックの操作方法を学んでおこう。でも、この内容は、今すぐ試す必要はないので、読んだら先の章に進んでいこう。操作に困ったときは、ここに戻ってきてね。

●ブロックを置くところについて

まず、ブロックは、スプライト1つ1つに対して、設定していくことができるということを覚えておこう。たとえば「キャット」と「ドッグ」の2つのスプライトがあったとしたら、ブロックを置くところが別々に用意されているんだ。

「キャット」のスプライトをクリックすると、左側にコードエリアが開くので、「キャット」の動きを作るブロックはここに置いていくよ（**1**）。

1

「ドッグ」の動きを作るブロックを置くときには、次のページの**2**のように「ドッグ」のスプライトをクリックしてコードエリアを開いてから、ブロックを置こう。

●コードグループについて

ブロックは画面の左端部分に用意されているよ。その上部にはブロックの「グループ」があって、ブロックの種類ごとに「グループ」に分けてあるんだ。

たとえば「うごき」グループには、いろいろな「うごき」を作るためのブロックが入っている。どこに探しているブロックがあるか分からなくなったら、なるべく関係のありそうなグループの名前をクリックして探してみよう。

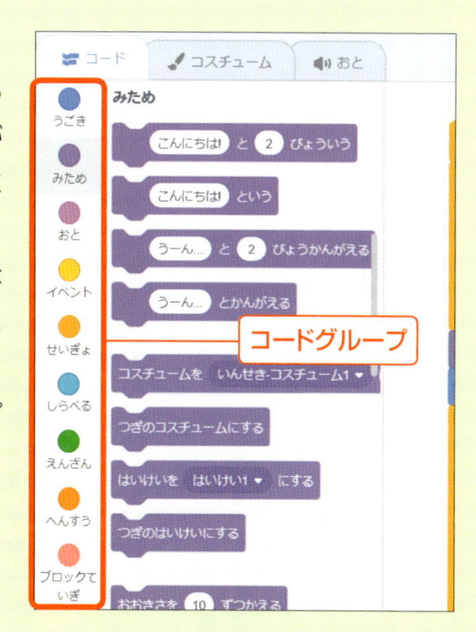

うごき	スプライトを右や左に動かしたり、回転させたりするブロックのグループ
みため	スプライトにセリフを言わせたり、表示したり隠したりするブロックのグループ
おと	音の種類を変えたり、音の大きさを変えたりするブロックのグループ
イベント	何かのできごとをきっかけにプログラムを動かすブロックのグループ
せいぎょ	どのブロックを実行するかを思い通りにするためのブロックのグループ
しらべる	スプライトやキーボードの状態などを調べるブロックのグループ
えんざん	計算をするためのブロックのグループ
へんすう	変数という特別なブロックを作れる
ブロックていぎ	いくつかのブロックを組み合わせて、オリジナルのブロックを作れる

●ブロックをつなげる

ブロックは、左端から中央のコードエリアへドラッグアンドドロップして配置するよ。ブロックはつなげていくことができる。ブロックをつなげるためには、1つ目のブロックの下あたりにドラッグすると、影が出るので、そこでドロップすると、うまくつながるよ（1）。ブロックは上にも下にもつなげられるけれど、最初にしか置けない形のものもあるので気を付けてね（2）。

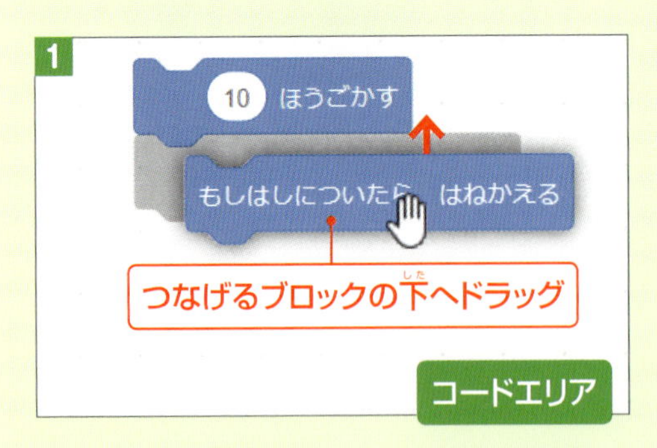

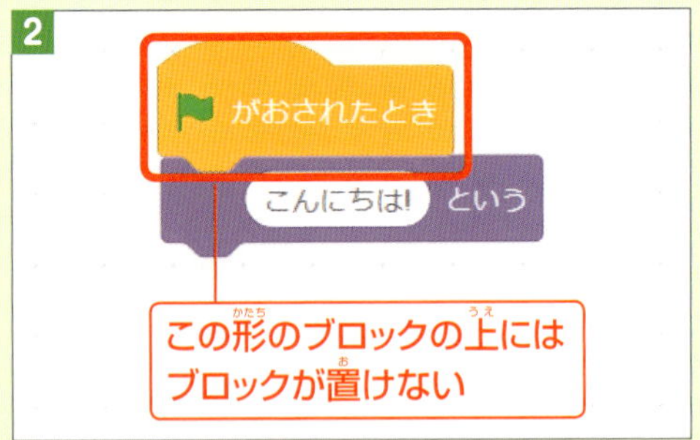

ブロックをつなげたかたまりを、何個か別々に作っていくこともできるよ（3）。

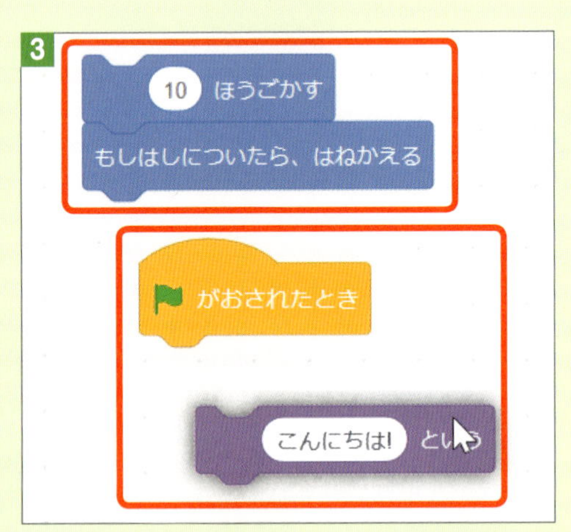

●ブロックをはなす

つなぐブロックをまちがえてしまったりしてはなしたいときには、下側のブロックを、下に向かってドラッグアンドドロップするよ（1）。

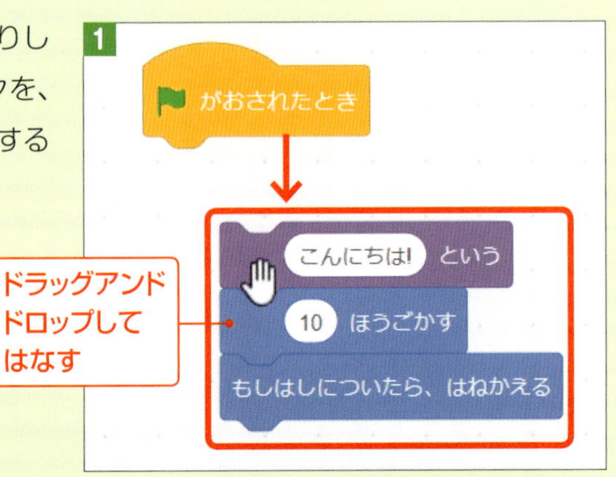

ドラッグアンドドロップしたところから下のブロックが切りはなされるから、たとえば3個以上のブロックがつながっていて、途中のブロックだけを使いたいときには、2回切りはなさなくてはいけないよ（2）。

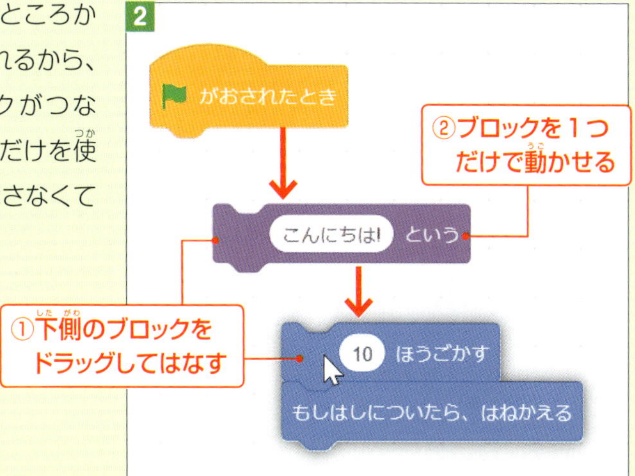

ブロックをいくつか組み合わせていると、思ったところにうまくブロックをはめ込めない場合もあるよ。その場合は、いったんブロックを切りはなして、順番につなぎなおせば、たいていの場合はうまくいくよ。

●ブロックを移動する

ブロックが長くなってくると、ブロック全体を移動させたいこともでてくる。そういうときは、一番上のブロックをドラッグすると、移動させることができる。ただし、ブロックにブロックがはめ込まれた状態だと、はめ込まれたブロックだけが移動してしまうこともあるから、なるべくはめ込みがないところをドラッグするといいよ。

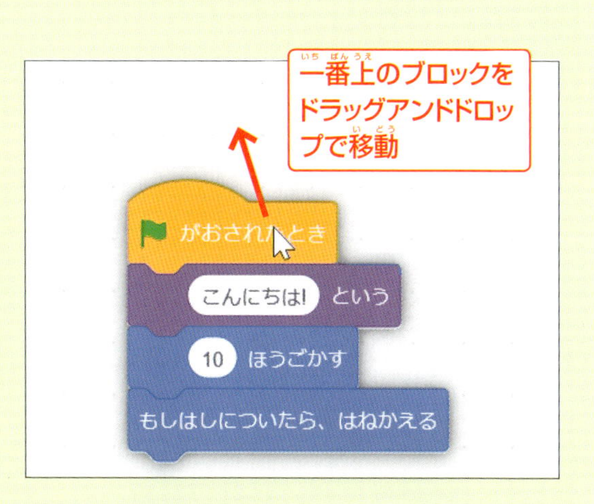

●ブロックに入力する

ブロックには、文字や数字を入力できるものもあるよ。たとえば**1**のブロックには、白いところ（テキストボックス）に言葉を入力するとそれを設定したスプライトのセリフとして、しゃべらせることができるよ。

入力するには、白いところをクリックすると色がつく（反転する）ので、この状態で文字や数字を入力して、[Enter] キーを押す。

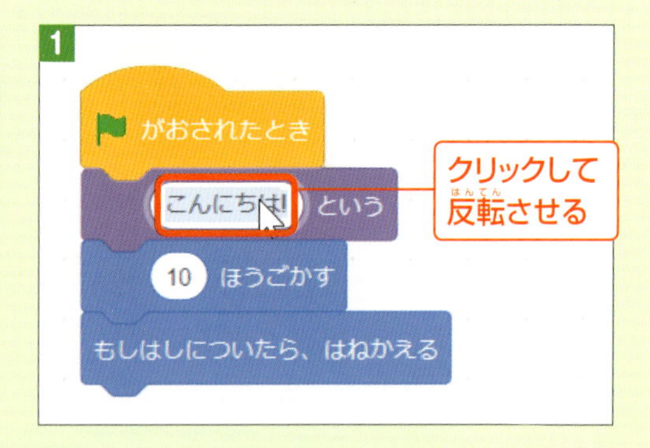

入力するのが数字の場合は、入力モードを「半角英数」にして入力する必要があるので気を付けてね。
Windowsの場合は、キーボードの［半角/全角］キー（**2**）で入力モードを切り替えるよ。

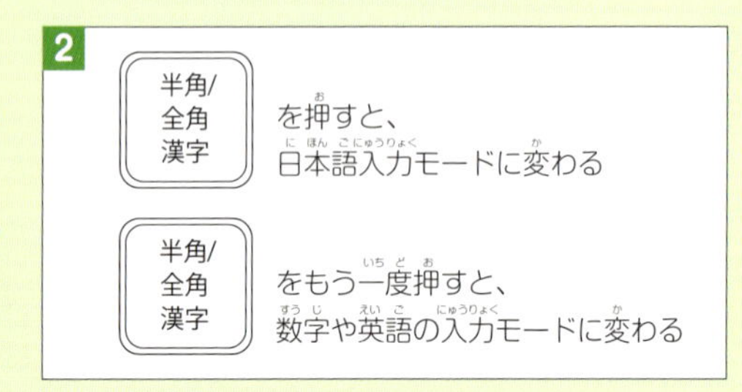

macOSの場合は、［かな］キーと［英数］キー（**3**）で入力モードを切り替えるよ。

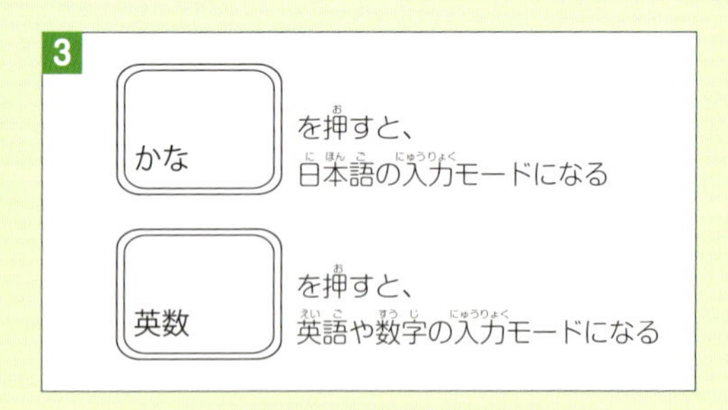

●ブロックにブロックをはめ込む

ブロックには、ブロックをはめ込んで合体させることができるものもあるよ。ブロックがカタカナの「コ」を逆転したような形のブロックの場合は、すきまにブロックをはめ込むことができる（**1**）。

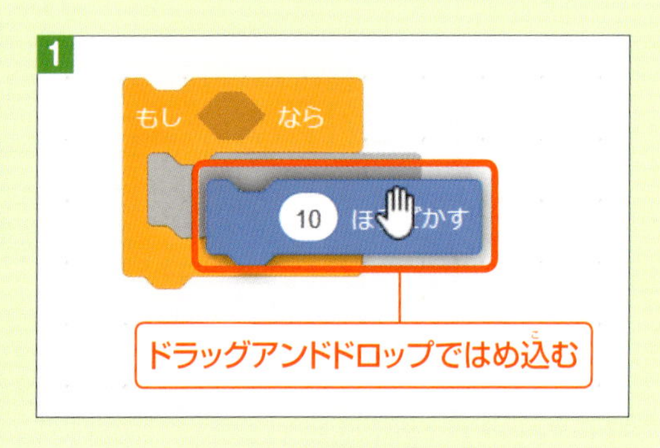

それから、ブロックの文字が書いてあるところにくぼみがあったり、白いボックスになっている場合にも、ブロックをはめ込むこともできるんだ（2 3）。

このとき、操作には少し注意が必要だ。はめ込むブロックは、ブロックの左側を、はめ込みたいところの左側に合わせるようにドラッグしよう。白くなったらドロップすれば、うまくはめ込めるよ。ブロックの種類によってははめ込めないものもあるよ。

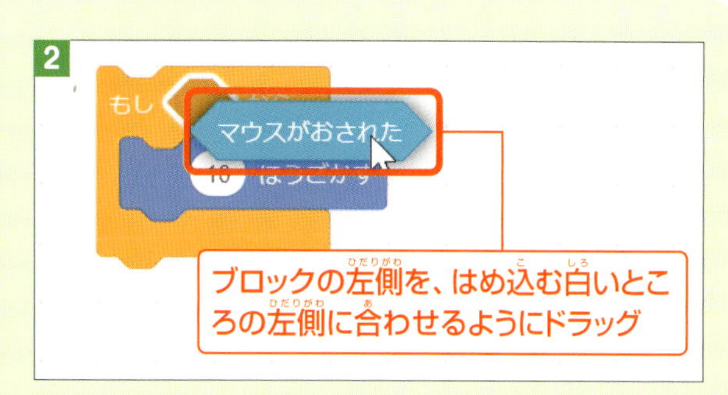

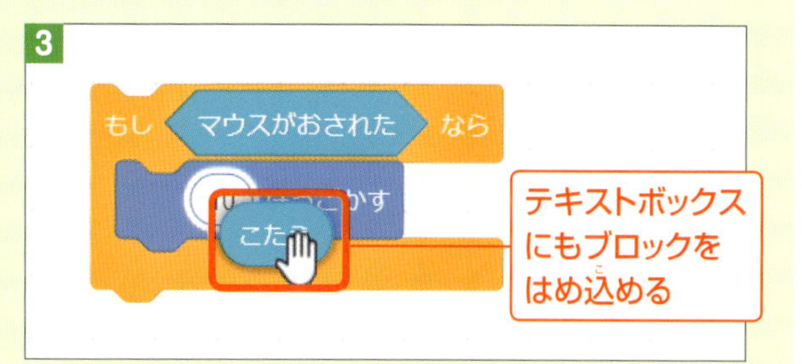

●ブロックを複製する

一度作ったブロックと同じようなブロックを使いたい場合は、複製が便利だよ。複製はコピーという意味だね。もう一度使いたいブロックを右クリックして、「ふくせい」を選ぶと、コピーされたブロックがカーソルにくっついてくるから、置きたい場所でクリックしよう。

コピーしたくないところまで複製されてしまうこともあるけれど、その場合はいらないところでブロックを切りはなして、次のページで説明する方法で「削除」してしまおう。

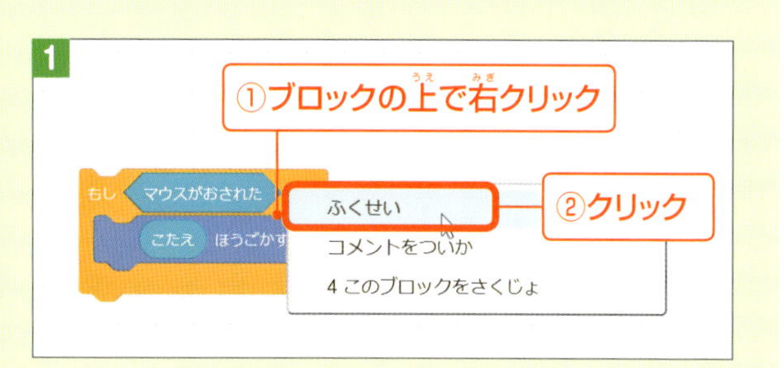

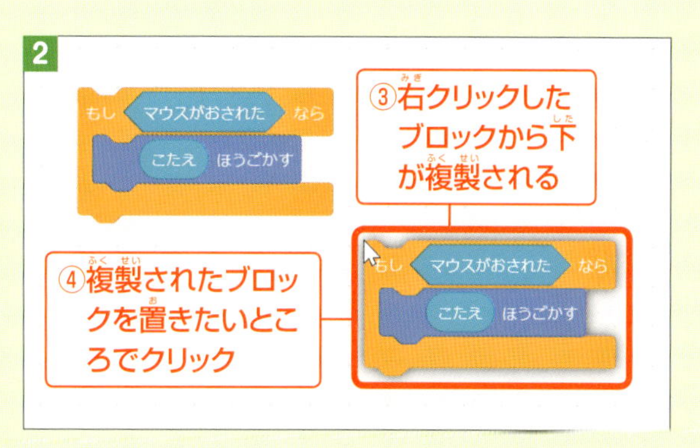

●ブロックのドロップダウンから選ぶ

ブロックには、いくつかの項目から内容を選べるようになっているものもあるよ。そういうブロックには、選べるところの右側に▼マークがあるから、これをクリックして、表示された中から、使うものを選ぼう。

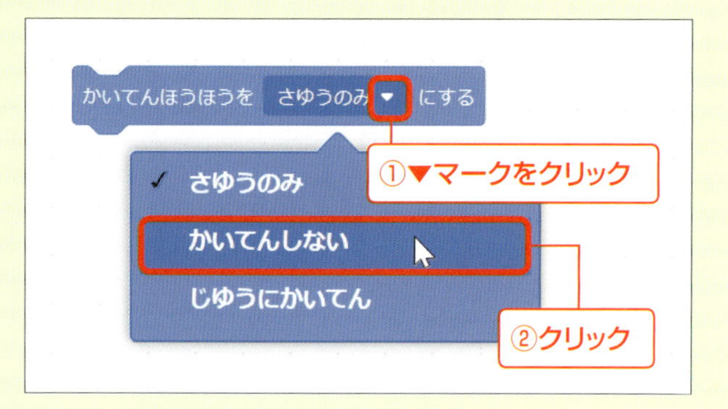

●ブロックを削除する

ブロックがいらなくなったら、そのブロックを右クリックして、「さくじょ」を選ぼう。

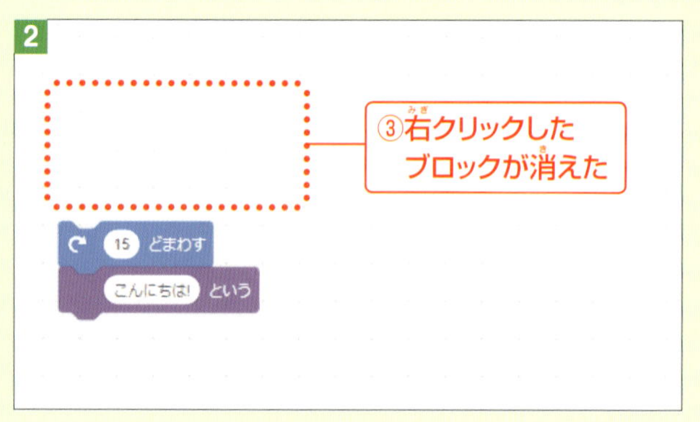

ステップアップ コードの実行と中止の方法

作ったコード（ブロックのかたまり）を動かすには、2通りの方法があるよ。

まず簡単な方法としては、そのブロックをクリックすること（1）。そうすると、そのブロックの内容が実行される。実行を中止するには、もう一度ブロックをクリックすればいい。クリックしたときブロックの位置が動いたら、元に戻すようにしよう。

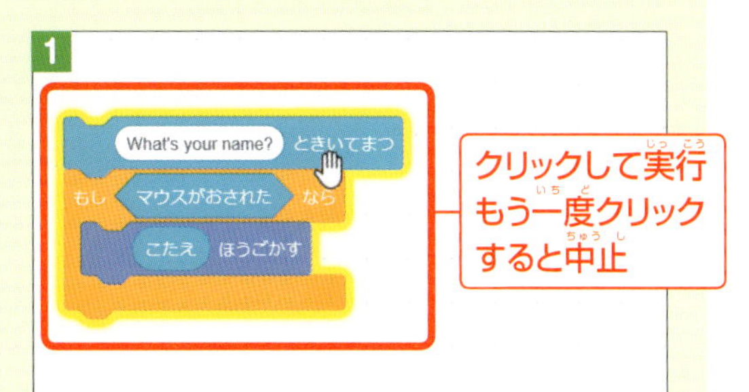

このとき実行されるのは、そのブロックの内容だけ。ただし、途中でほかのブロックへの命令（メッセージ）などを送っていれば、そちらのブロックの内容も実行されるよ（2）。

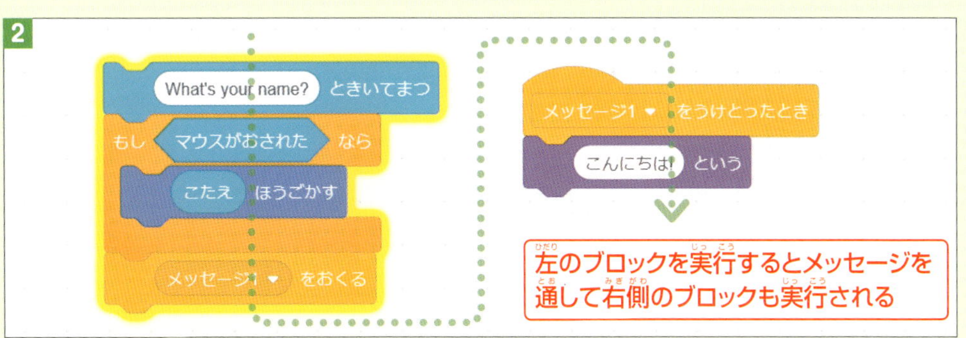

コードを動かすもう1つの方法は、ステージ上部の 🏴 をクリックすること（3）。この場合、「🏴 がおされたとき」というブロックにつなげてあるブロックが動くので、このブロックをちゃんと使って、ほかのブロックも動くようになっていないといけないよ。こちらの場合、コードを中止するには、🏴 の右の ⬣ をクリックすればいい。

最終的には、この 🏴 をクリックして遊べるように仕上げないといけないよ。作品を作っている途中では、ブロック単独で確認してみて、仕上げの段階になったら旗マークを使うといいだろう。

「カエルになったナイト」

お城の中で、
魔法使いと対決する劇を作ろう

それでは、少し本格的な作品を作ってみよう。ここでは、次のようなあらすじの物語の一部を作ってみるよ。

> 平和だったスクラッチ国のお姫様がさらわれてしまった！王から指令を受けたナイトはお姫様を助けるために、1人ドラゴンのお城へ！

この作品の、ナイトがお城に入ったところを作ってみるよ。先生が作った作品が、サポートサイトから見られるので、4ページを見てチェックしてみて。

新しい作品を作ろう

前の作業を行っていた場合、ステージ上にいろいろなスプライトが配置されてしまっている。
まずは、これを「ファイル→ただちにほぞん」で保存して（1）、同じく「ファイル→しんき」を選んで、新しいステージを作ろう（2）。

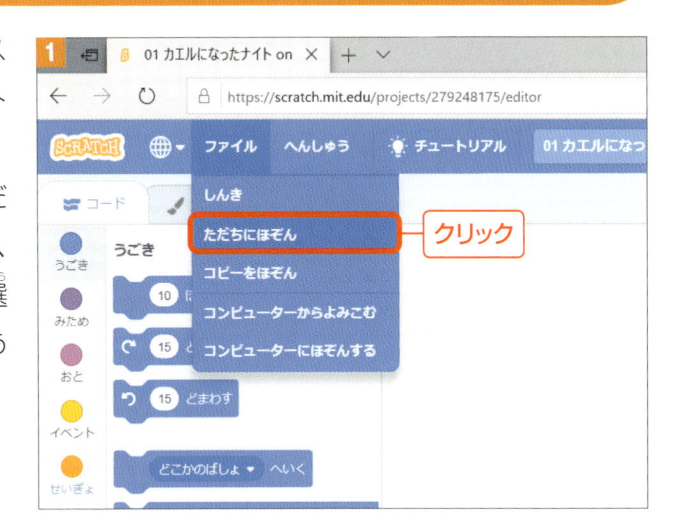

スクラッチキャットがはじめから登場しているので、スプライトエリアで✖ボタンをクリックして削除しておこう。これで準備完了だ（3）。

背景を設定しよう

まずは、ステージに背景を設定しよう。**1**の「はいけいをえらぶ」ボタンをクリックして「背景ライブラリー」を表示させたら、**2**の「しろ（castle3）」を選んで「OK」ボタンをクリックしよう。探しにくかったら、上で「ファンタジー」を選ぶといいよ。

ナイトを歩かせよう

それでは主役のナイトに登場してもらおう。**1**の「スプライトをえらぶ」ボタンをクリックしたら、**2**の「ナイト（Knight）」を選んでみよう。こちらも、上で「ひと」を選ぶと選びやすいぞ。

すると、ステージの真ん中に「ナイト」が表示されるので、3を見ながら良さそうな場所に移動しておくよ。

それでは、このナイトを歩かせてみよう。歩く動作は序章でやったとおり 10 ほうごかす のブロックだね。コードエリアにドラッグアンドドロップしよう（4）。でも、1回歩いただけでは歩いた感じが出ないので、いくつかブロックをつないでみよう。

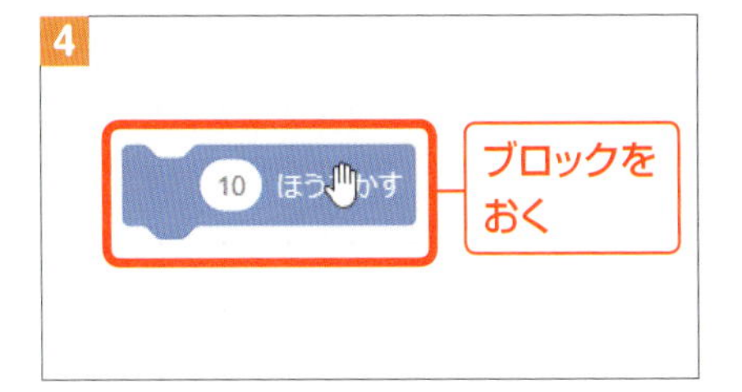

ブロックはよく見ると、凸凹になっているね。10 ほうごかす というブロックは、上が凹で下が凸になっている。そして、ちょうどこの両方がぴったり入るような形になっているよね。だから、このブロックはつなぐことができるんだ。

5のようにつないだら、つないだブロックをクリックしてみよう。あれれ、一瞬で動いてしまったね（6）。これではゆうれいみたいだ。

1秒待つ

実は、これはきちんと「5回、10歩ずつ動く」という動作をしているんだ。ただ、早すぎてその区切りが見えなくなってしまっている。そこで、少し待ってもらうようにしてみよう。
今度は、「せいぎょ」というグループを選んでみよう（1）。「せいぎょ」は「思うように動かす」とか「コントロールする」という意味だよ。

1 びょうまつ というブロックがある。これを、コードエリアに2のようになるようにドラッグアンドドロップしてみて。
このとき、1つめの 10 ほうごかす のそばに持っていくと、2のようなかげが出るので分かりやすいよ。この状態ではなすと、間にはさまる。

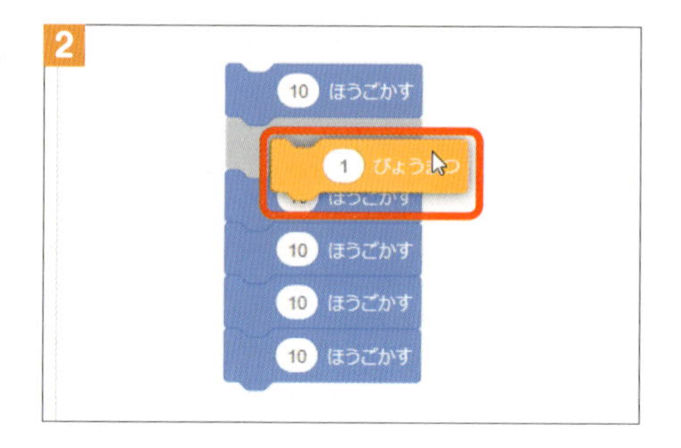

この作業を繰り返して、3のようにしたら、ブロックをクリックしてみよう（もし、ナイトが右はじの方に行ってしまっていたら、ドラッグアンドドロップで左の方に移動しておこう）。
今度は、ちゃんと歩いているように見えるね。ただ、もうちょっとここでは「敵のお城に来て、どんな敵が出るか分からないから慎重に進もう」という感じが出ないので、もう少し1歩1歩をゆっくりにしてみよう。

1 びょうまつ という数字の部分をマウスでクリックすると、4のように「反転」という状態になって、変えることができるようになる。

キーボードから「2」と入力して、5のようにしてみよう。数字がうまく入らない場合は「全角モード」になっているかもしれないので、キーボード左上の「半角／全角」キー（またはキーボード左下の「英数」キー）を押してみよう。

5
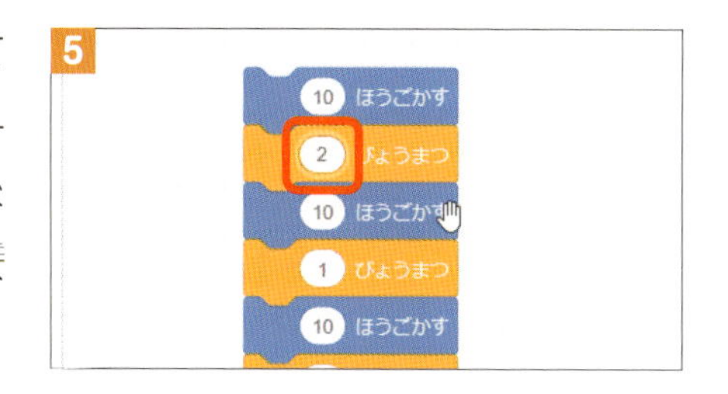

これを繰り返して6のようにブロックの数字を変えて、終わったらブロックのどれかをクリックしよう。今度はゆっくり慎重に歩いているね。こんな風に、かんとくであるキミは細かく演技を指導しないと、スプライトは希望の動きをしてくれないんだ。数字などは自由に変えてかまわないので、キミの思い通りの動きになるように調整してみて。

6
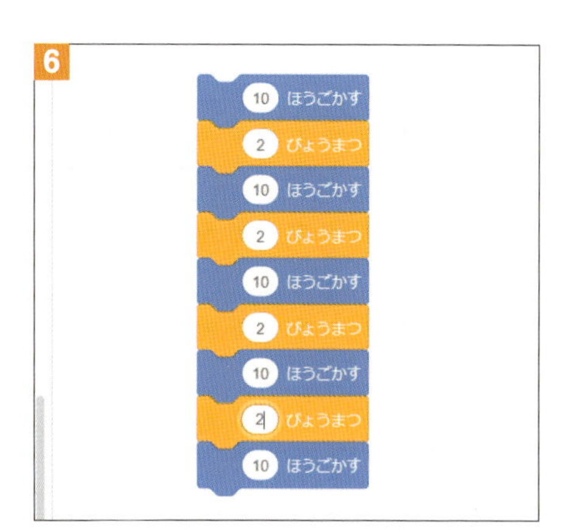

同じことの繰り返しは、繰り返すブロックを使おう

ここで、ナイトの動きを調整しているとき、少し面倒に感じたかもしれない。数字を変えるために、わざわざ何個も同じ数字を入れ直さなければならなかったね。
こういうとき、スクラッチでは「繰り返す」ブロックを使って、作業を簡単にすることができるんだ。まずは「せいぎょ」グループにある［10 かいくりかえす］というブロックを、コードエリアにドラッグアンドドロップしよう。

1

このブロックは、上下に凸凹があるけれど、もう一つ中にも凹があるね。これは、中にこれに合うブロックを入れることができるんだ。たとえば、2のように 10 ほうごかす のブロックをこの中に入れてみてほしい。さらに、 1 びょうまつ もその下に入れて、3のように数字を「2」とするよ。

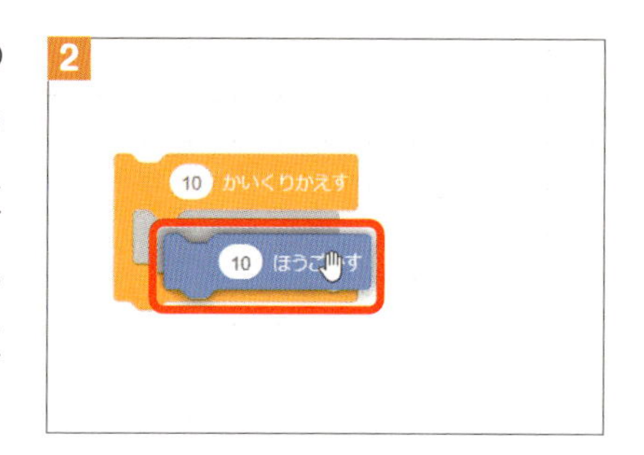

これで、ブロックをクリックすると、ブロックは1つずつしかないのに、10回同じことを繰り返したね。こうして、「繰り返す」ブロックは、中に入れたブロックを、指定された回数繰り返すことができるんだ。

これなら、数字を調整したいときも1か所だけを変更すれば調整できる。簡単になるね。ここでは、繰り返す回数を「5」回に設定しておこう（4）。

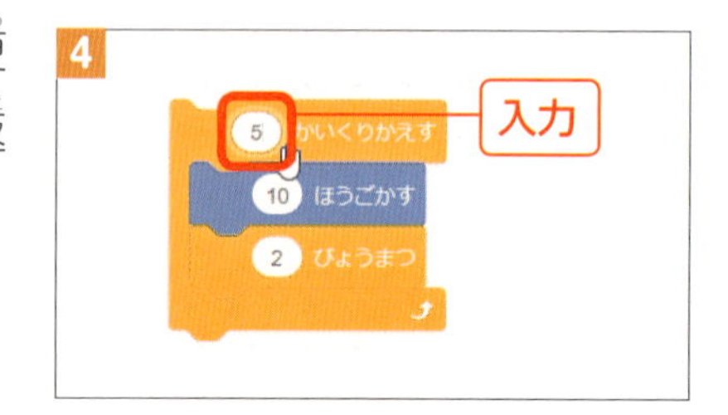

先に作った、 10 ほうごかす と 1 びょうまつ ブロックをつなげたかたまりは、削除しておこう（5）。

ステップアップ ブロックの切りはなし

くっつけたブロックを切りはなしたい場合、下からじゃないと切りはなせないので気をつけよう。たとえば、1のようにくっついたブロックがあったとして、2のように切りはなしたいとしよう。
この場合、図のブロックをつかんでドラッグアンドドロップすれば、切りはなすことができる（3）。

真ん中の1つのブロックだけを抜き出したい場合は、3のように下を丸ごと切りはなした後、さらにその1つ下のブロックを切りはなせば良いんだ（4）。
慣れるまでは、少しとまどうかもしれないので、練習しておこうね。

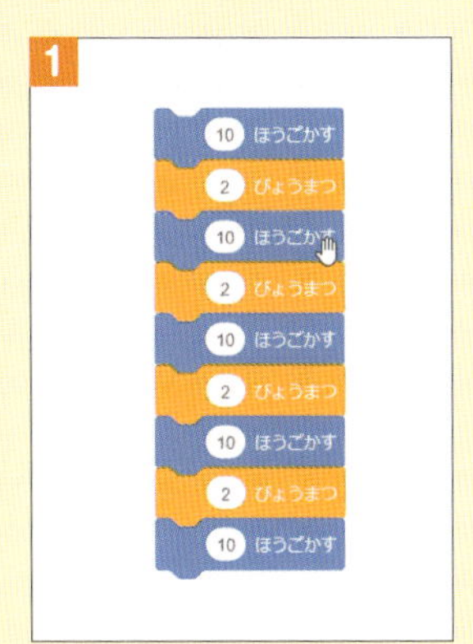

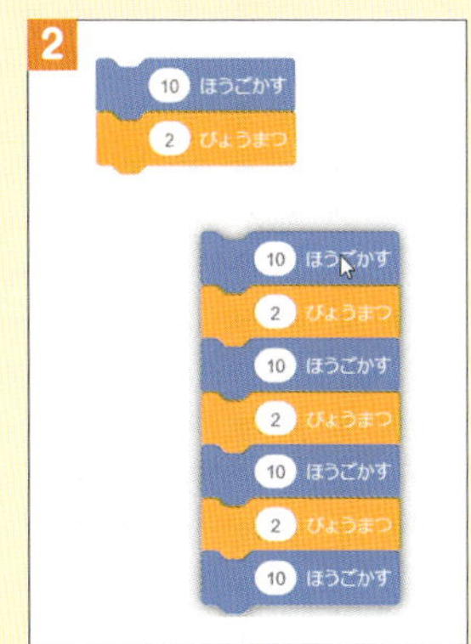

魔法使いの向きと大きさを変えよう

次は、魔法使いの出番だ。「スプライトをえらぶ」をクリックし（1）、2の「魔法使い（Wizard）」を選んで「OK」ボタンをクリックする。探しにくかったら、上で「ひと」を選ぶといいよ。魔法使いはステージの右の方に置いておこう（3）。

ここで、10 ほうごかす ブロックや 1 びょうまつ 、を先ほどと同じように配置して、

4 のように数字を変更してみよう。ブロックをクリックすると、魔法使いが歩くけれど、あらら、ナイトから遠ざかってしまったね。これでは、戦いにならないのでナイトの方を向けて歩かせるよ。

まずは、画面下のスプライトエリアにある「Wizard」の上に、スプライトの設定エリアがあるので、この「むき」の数字をクリックしよう（5）。図のようなダイヤルが表示されるので、マウスでドラッグアンドドロップして反対向き（-90）になるように調整しよう（6）。数字を入力しても良いよ。

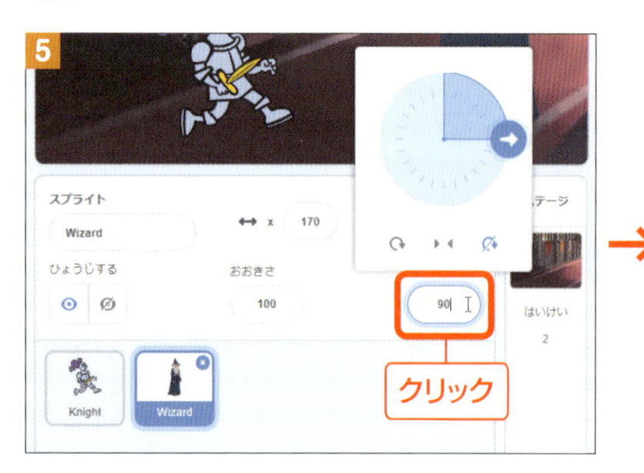

あれ、魔法使いが逆さまになってしまった（7）。

8の左右の矢印▶◀をクリックすれば左右のみ回転するようになるぞ。これで準備OK。今度はちゃんと、ナイトに向かって歩き出したね。

魔法使いは、ナイトに比べると非常に大きいので、ナイトと同じくらいの大きさにしよう。これには、スプライトの設定パネルで、「おおきさ」という数字を変更しよう。

ここでは、「50」と設定するよ。位置も改めて設定しておこう。

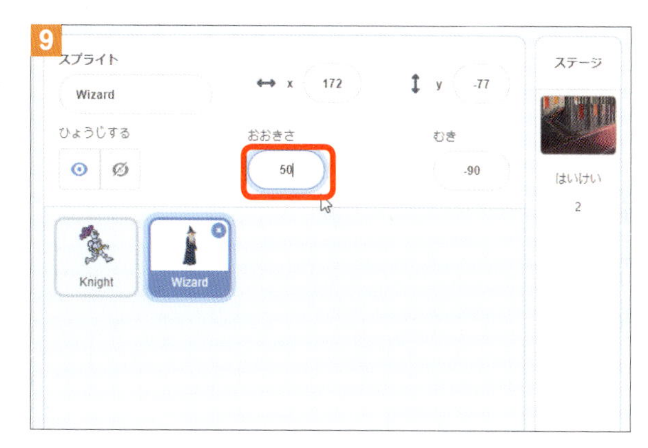

最初の位置に移動しよう

ここまでの作業では、ブロックをクリックすると、進み続けてしまうため、最初の位置にはマウスで戻さなければならなかった。しかし、それでは面倒なので、劇が始まるときに最初の位置に移動してもらおう。

それには「うごき」グループにある［xざひょうを 0 にする］ブロックを使うよ。ナイトのスプライトをクリックしたら（1）、このブロックを一番はじめに追加して数字を「-120」に変えよう（2）。

これでブロックをクリックすれば、ナイトはどこにいてもいったんスタート地点まで戻ってから歩き出すようになるね。

同じく、魔法使いもクリックして（3）一番上に xざひょうを 0 にする ブロックを追加しよう。こちらは数字を「280」にするよ（4）。こちらもブロックをクリックして動きを確かめておいて（5）。ステージの外に出てしまって少ししか見えなくなってしまったけれど、これで大丈夫。

このように xざひょうを 0 にする や yざひょうを 0 にする を使って、最初の立ち位置を自由に決めることができるぞ。

座標ってなんだろう？

ここで出てきた「座標」とはなんだろう？　すでに学校などで学んでいるかもしれないけれど、ここでは少し丁寧に説明してみるね。

ステージ上でナイトのスプライトを動かしてみよう。「x」と「y」という欄に書かれている数字（1）がコロコロ変わるはずだ。このxとyをあわせて「座標」と呼ぶんだ。

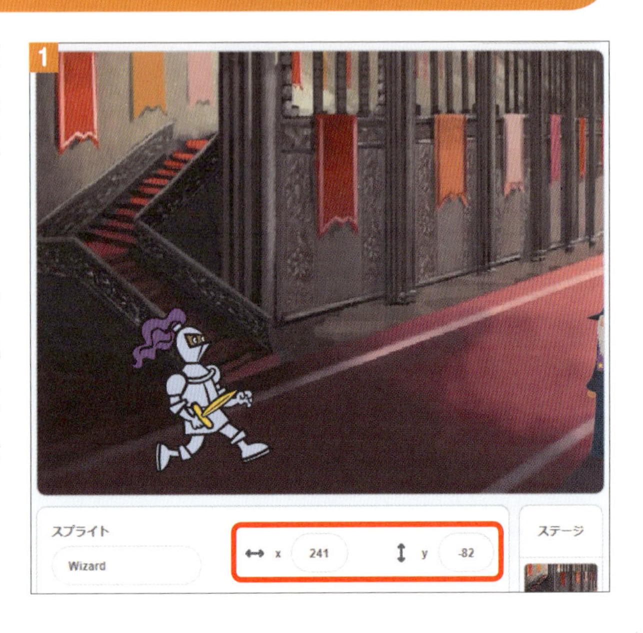

2のように横方向を「x 座標」、縦方向を「y 座標」といい、中心がそれぞれ0になるんだ。

x座標は、中心から左に向かって「-240」まで小さくなり、右に向かって「240」まで数字が大きくなる。同じく、y座標は下に向かって「-180」まで小さくなり、上に向かって「180」まで大きくなる（3）。3の数字は、たとえば（0,180）なら x 座標が0、y 座標が180という意味だよ。

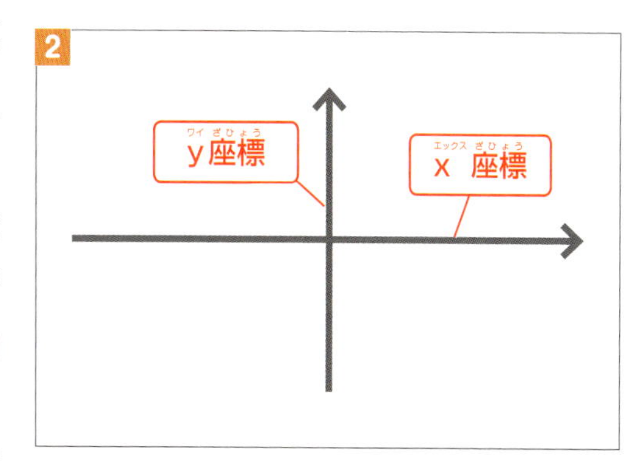

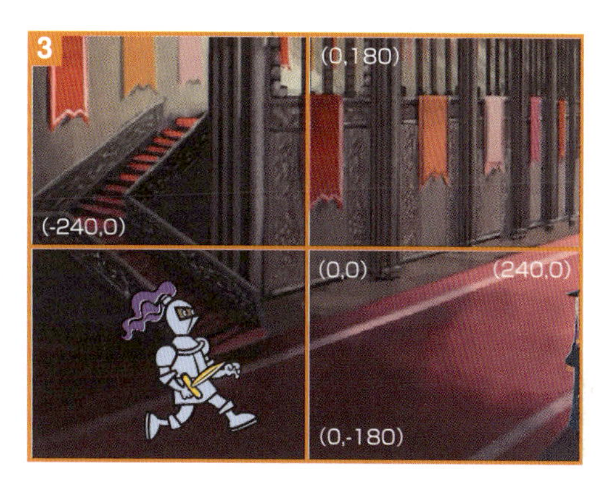

マウスでスプライトを動かすこともできるけれど、この座標の数字を使えばもっと細かく、正確に位置を指定することができるんだ。いろいろな場所に置いてみて、座標を理解しよう。

ステージ外を指定しよう

ここで、先ほど魔法使いの x 座標を「280」に設定した。でも、上で x 座標は「240」までしかないと紹介したのに、数字がオーバーしているよね？　この場合、魔法使いはステージの外に追い出されてしまうんだ（1）。

座標には、もっと大きな数字を指定することもできる。ただ、ある程度の大きさになってからは、それ以上外には行けなくなるよ。スプライトの一部がステージに見えている場所までしか指定できないんだ。

ステップアップ

どこが中心なの？

たとえば、ナイトのｘ座標、ｙ座標ともに0を指定すると、1のような場所になる。ステージの中心に比べると、ナイトが少しずれている気がするね？これは、「スプライトの中心」が0に設定されているから。このナイト、少し後ろの方に傾いて歩いているので、スプライトの中心がナイトの実際の中心よりも前の方に来てしまっているんだ。これを変えたい場合は、次のような作業を行っていくよ。

コードグループの上のタブから「コスチューム」を選ぶ（2）。

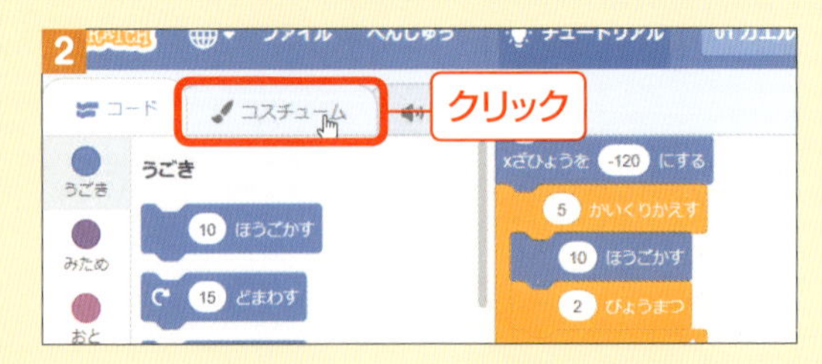

マウスでナイトの絵を全体を囲むように選択しよう。色が変わるよ（3）。そしたら、ナイト全体をマウスでドラッグアンドドロップして少し右にずらそう。だいたいナイトの中心がこの描画エリアの中心になれば良いよ（4）。今度は自然な場所に表示されるようになったぞ。細かな調整が必要なときは、設定しておこう。設定し終わったら、同じく上のタブで「コード」を選んで（5）、元に戻しておこうね。

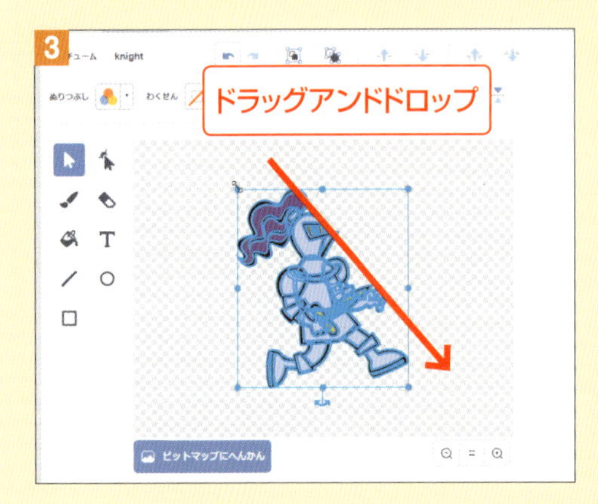

旗を使って、自動でスタート

今、キミが作っている作品は、ナイトも魔法使いも、ブロックをクリックしなければ動き出さないね。

先生が作った作品を改めて見てもらうと、画面を表示して真ん中の をクリックすれば再生されるね。これは、「イベント」というものに反応しているんだ。イベントとは英語で「きっかけ」といった意味だね（1）。

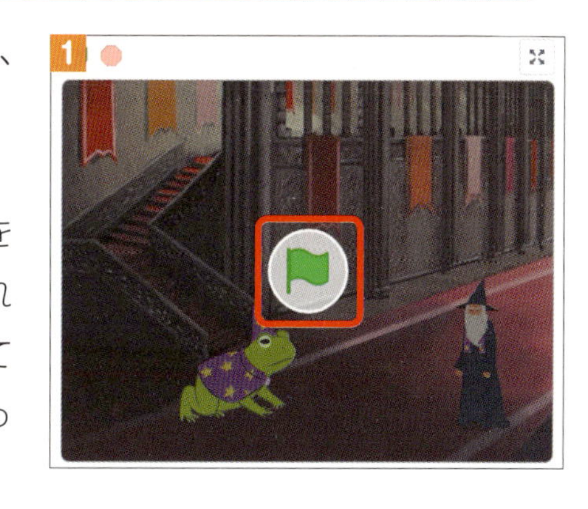

コードグループの「イベント」を見てみよう（2）。いろいろなイベントがあるね。よく見るといくつかのブロックは上側が凹の形になっていない。イベントはブロックの先頭にしか置くことができないんだ。

ではここで、ナイトのスプライトをクリックして（3）、ブロックの先頭に がおされたとき を置こう。31ページに書いてある方法で自分の作品のプレビュー画面を開き、 をクリックすると、自動的にナイトが歩き出したね。この旗は「コードの開始」を示すためのマークなんだ。

ちなみに、編集画面でもステージの右上に、同じように のボタンがあるので、これをクリックしてもよいよ。また、途中でやめる場合はとなりの ボタンをクリックしよう（5）。

メッセージを使おう

イベントは、いくつでも置くことができる。魔法使いのコード（1）にも同じように置いてみよう（2）。スタートすると、確かに両方動き出すね。でも、ちょっと待ってほしい。

魔法使いは、ナイトが少し進んでから登場しないといけないね。つまり、魔法使いの動きのタイミングは、スタートした時ではないんだ。こんなとき、便利なのが「メッセージ」という機能。

スプライトはそれぞれ、好きなタイミングで他のスプライトにメッセージを送ることができるんだ。役者同士で動くタイミングを相談しあっているような感じだね。さっそくやってみよう。

まずは、ナイトのブロックの最後に、コードグループの「イベント」にある メッセージ1▾ をおくる を追加しよう（3）。▼をクリックすると、4のように「あたらしいメッセージ」というメニューが出るので、これをクリックする。

すると、入力らんが表示されるので、ここで送信したいメッセージを入力するよ。ここでは、「まほうつかいへ」としよう（5）。

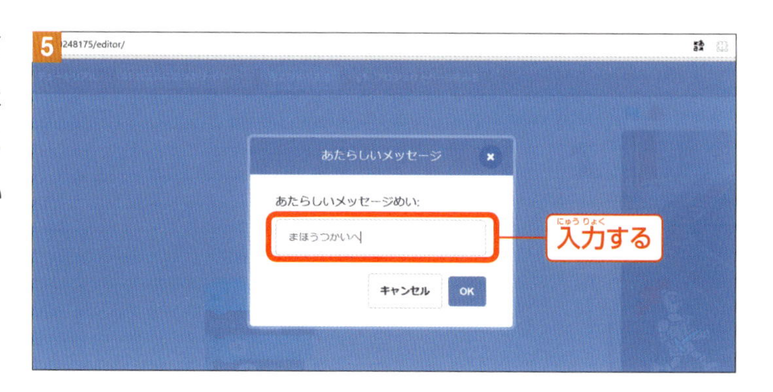

次に、魔法使いのブロックを編集しよう（6）。今ある、🏴のブロックは右クリックで削除して、代わりに同じく「イベント」グループの［まほうつかいへ▼ をうけとったとき］ブロックを先頭に追加するよ（7）。

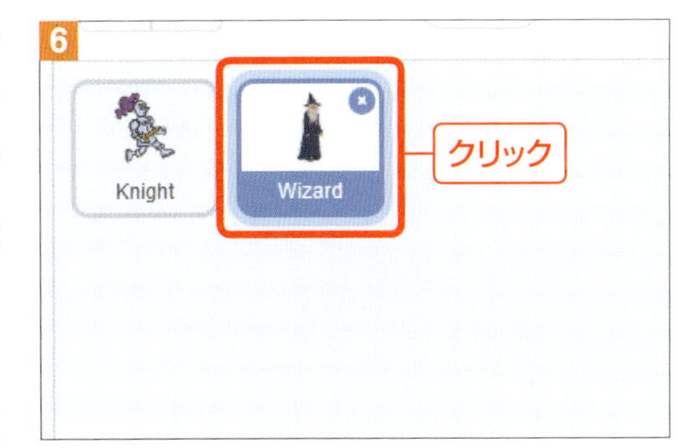

ブロックの言葉はすでに「まほうつかいへ」になっていると思うけれど、もしちがっていたら選び直そう。これで準備完了だ。画面上部の🏴をクリックしてみて。
最初はナイトだけが動き出し、ナイトが何歩か歩くと魔法使いが登場してくるね。こうして、劇全体の流れを、役者同士で動くタイミングを工夫しながら進めていけるんだ。

ただ、もう一度🏴をクリックしてみて欲しい。すると、魔法使いが最初からステージの中にいるね（8）。そして、ナイトが歩き終わるとステージの外に追い出される。これはちょっとおかしいな。

魔法使いは、次の2つのタイミングで動かないといけないね。

- **🏴がクリックされたとき→ステージの外に移動する**
- **ナイトが歩き終わったとき→ステージの外から登場する**

そこで、コードも2つのかたまりに分ける必要がある。まず、［がおされたとき］を何もないエリアにドラッグアンドドロップしておき、もとからあるかたまりから［xざひょうを 280 にする］をドラッグアンドドロップして外す。
続いて［8 かいくりかえす］も同じように外しておく（**9**）。

そうしたら、［xざひょうを 280 にする］は［がおされたとき］の下にくっつけて、［8 かいくりかえす］は［まほうつかいへ ▾ をうけとったとき］の下にくっつけておこう（**10**）。

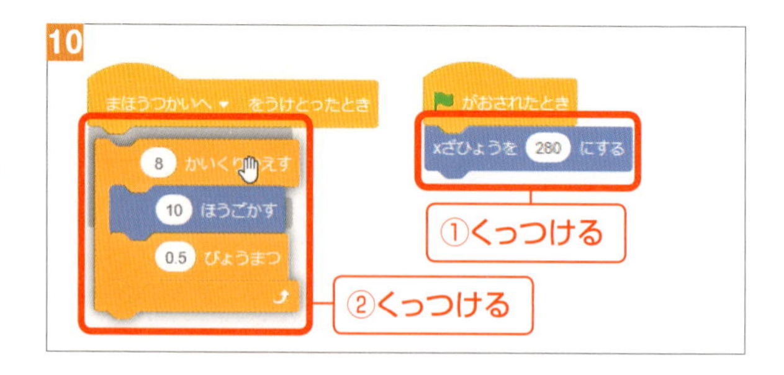

こんな風に、スクラッチではブロックをくっつけずに、2つの別々のコードとして作ることもできるよ。そのスプライトが、どんな時にどんな動きをするべきかを考えながら、複雑な動きを作ってみよう。

ブロックをいろいろなかたまりにしていくと、コードエリアがごちゃごちゃになってしまう。そんな時は、コードエリアのブロック以外の場所（**1**のような場所）を右クリックして「きれいにする」メニューをクリックしよう。自動的にブロックが整理されるぞ（**2**）。

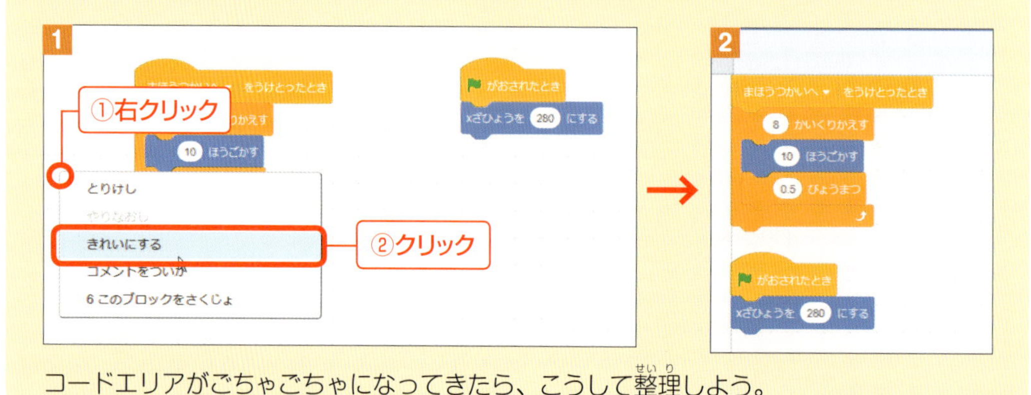

コードエリアがごちゃごちゃになってきたら、こうして整理しよう。

続きを作ろう

それでは、劇の続きを作っていこう。次は、魔法使いが「カエルにしてやる」と叫んで、魔法を唱えるというところだよ。

セリフをしゃべらせるには「みため」グループに［こんにちは! と 2 びょういう］ブロックがあるので、魔法使いのスプライトをクリックして（1）、これを「8かいくりかえす」のブロックの後に追加するよ。セリフの内容を「カエルにしてやる」に変更しておこう（2）。

次に、魔法を唱えた感じを出すためにいなずまを表示しよう。「スプライトをえらぶ」ボタン（3）をクリックして、「いなずま（Lightning）」を追加しておこう（4）。ドラッグアンドドロップでナイトの頭の上あたりに置いておこう。

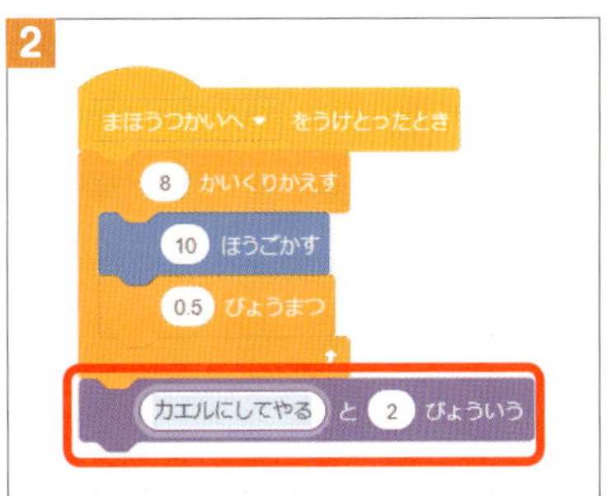

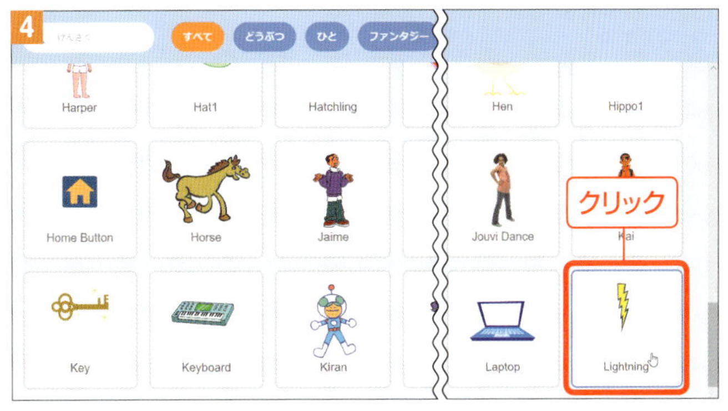

少し大きすぎるので、スプライトの設定パネルで「おおきさ」を「80」くらいに変更して、小さくしておこう（5）。

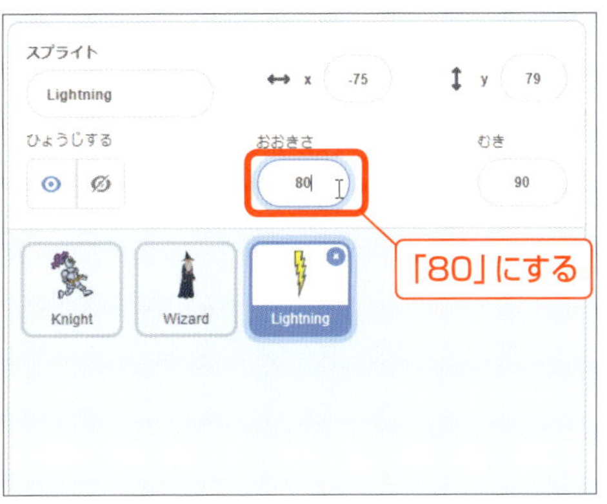

いなずまは、魔法使いが魔法を唱えるまでは見えない状態にしたいので、ブロックの「みため」グループにある かくす を使って隠しておくよ。いなずまのスプライトをクリックして（6）、7のように 🏁 がクリックされたときに隠すようなコードを作ろう。

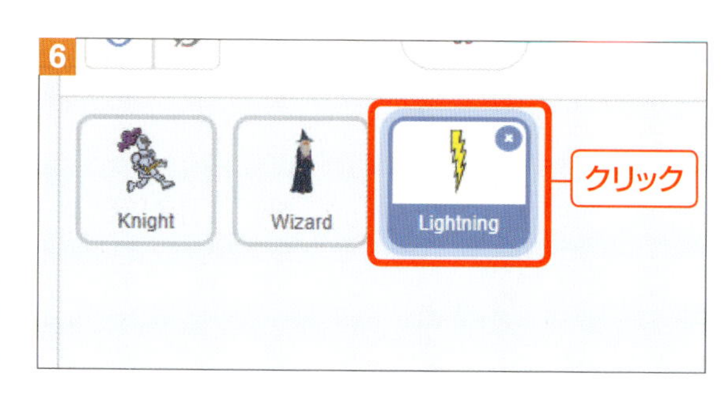

いなずまを点めつさせよう

もう一度、先生の見本を見て欲しい。魔法使いが魔法を唱えると、いなずまは点めつする。でも、残念ながら、ブロックを探しても「点めつさせる」というものはないんだ。では、どうやって実現していると思う？　この先を読む前に、がんばってチャレンジしてみて欲しい。ヒントは「ひょうじする」と「かくす」だよ。

できたかな？　それでは答えを紹介しよう。ここでは かくす と ひょうじする のブロックを使って、隠したり表示したりを繰り返せば点めつしたように見えるね。繰り返すのは「せいぎょ」グループの 10 かいくりかえす のブロックだったね。

ここでは、新しいブロックのかたまりとしてつなげるよ。また、単純に かくす と ひょうじする を繰り返してしまうと、早すぎて見えないので、 1 びょうまつ のブロックを使って、適度に待ち時間を設定しよう。また繰り返す回数も調整しよう。こうしてできあがったコードが1のようなものだ。コードを作るコツがつかめてきたかな？

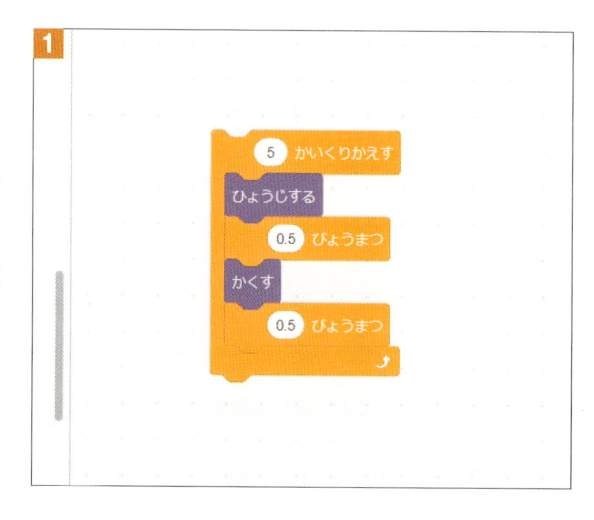

この点めつは、魔法使いが魔法を唱え終わったらスタートするので、「イベント」グループの メッセージ1▼ をおくる のブロックを使うよ。まずは魔法使いのコードを開いて（2）、カエルにしてやる と 2 びょういう のブロックの後ろにつなげる。先ほどと同じように、▼から「あたらしいメッセージ」を選んで、ここでは、「いなずまへ」としよう（3）。

いなずまのスプライトでは、このメッセージを受け取ってスタートするので、ブロックの先頭に まほうつかいへ▼ をうけとったとき のブロックをくっつけて「いなずまへ」を選択するよ（4 5）。

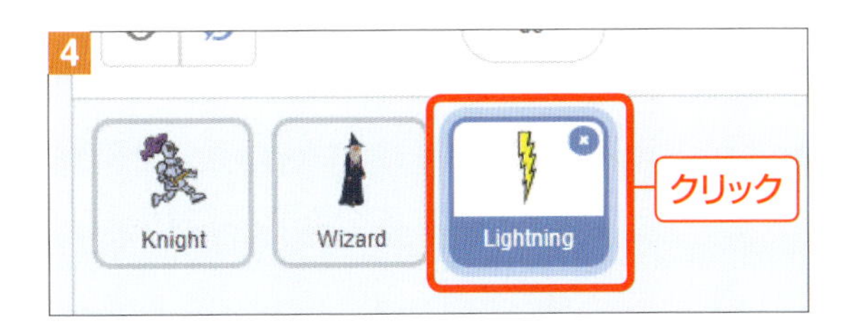

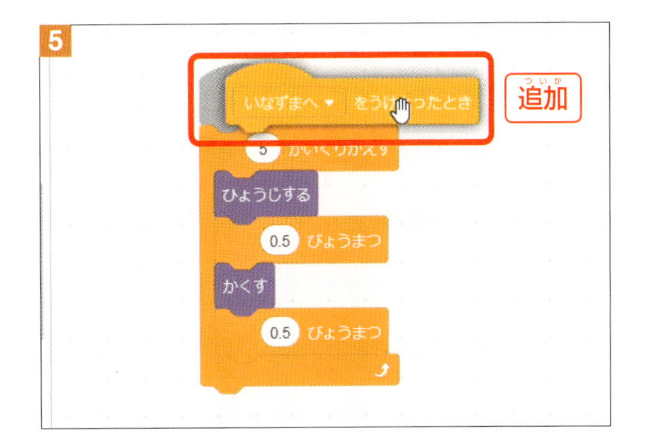

ステップアップ いなずまが見えなくなってしまったら

コードを動かしていると、いなずまがステージ上から消えて見えなくなってしまうことがある。
そんな時は、スプライトの設定画面で、「ひょうじする」の左側の をクリックしよう。

再び表示されるよ。

ステップアップ 作品に名前をつけておこう

作品が2つ以上になってくると、どれがどの作品だったか、分からなくなることがある。
そんな時のために作品には、内容がわかりやすい名前をつけておくといいよ。

作品に名前をつけるには、ステージの上のテキストボックスに表示されている名前を選択して、新しいものを入力するだけ。左上のメニューから「ファイル→ただちにほぞん」をしておけば、すぐに保存されるよ。

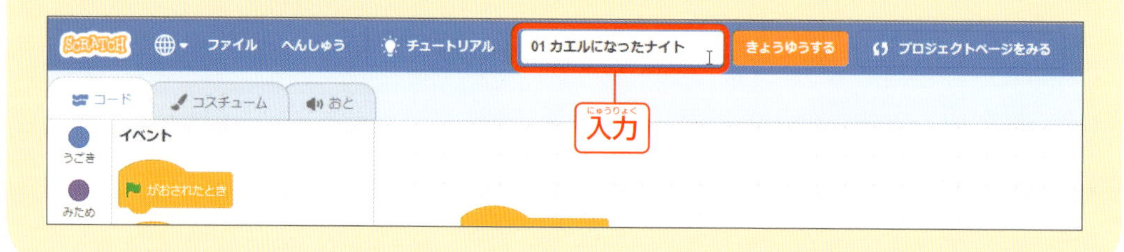

コスチュームを変更しよう

いよいよアニメーションの最後。ナイトがカエルになってしまうところを作ろう。ナイトをカエルに変えるには「コスチューム」を利用するよ。コスチュームは英語で「服」といった意味だね。

まず、ナイトのスプライトをクリックして（1）、画面上部の「コスチューム」タブをクリックし（2）、さらに下の「コスチュームをえらぶ」から3のボタンをクリックする。「どうぶつ」の中に「Wizard-toad-a」がいるので、これをクリックして追加しよう（4 5）。

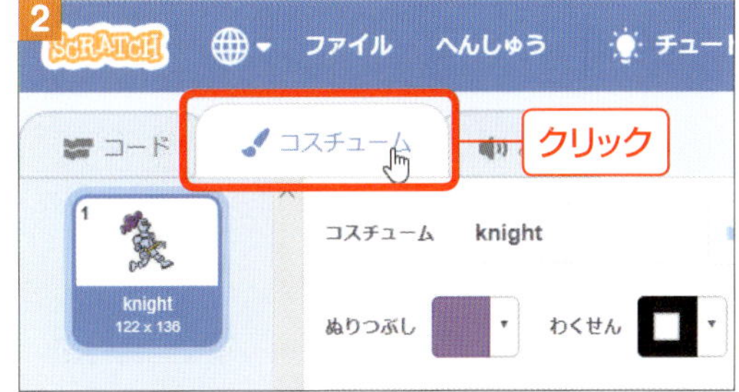

こうして、ナイトには「ナイト」のコスチュームと「カエル」のコスチュームが準備され、切り替えることができるようになった。最初はナイトが表示されるようにクリックして切り替えておこう。また、「コード」タブをクリックして、画面を戻そう（5）。

ナイトがカエルになるのは、魔法使いが魔法を唱え、いなずまが点めつした後だね。そのため、いなずまのコードを開いて（6）最後に、「イベント」グループの［メッセージ1 ▼ をおくる］ブロックを使って、メッセージを送る。▼をクリックして「あたらしいメッセージ」を選び、ここでは「かえるへ」と入力しよう（7）。

ナイトのコードには（8）、新しいかたまりとして［まほうつかいへ ▼ をうけとったとき］のブロックを配置して「かえるへ」を選んだ後、次に「みため」グループにある［コスチュームを knight ▼ にする］ブロックをつなげよう（9）。選ぶのはもちろん「Wizard-toad-a」（かえる）だね。

これで、カエルに変化するようになった。ただし、このままだと次にアニメーションを開始したときに、最初からカエルになってしまっているので、ナイトにもとからある［がおされたとき］のブロックに、［コスチュームを knight にする］をつなげて、ナイトに戻しておこう（10）。

このままでも良いけれど、9のコードを11のようにすると、ちょっと凝った演出をすることもできるよ。どんな動きをするか、実際に作ってみてね。

物語を作り出そう

ここまで、スクラッチを使って簡単な劇を作ってみた。まるで、実際に役者に指示を出すように、かんとくであるキミの頭の中で作った動きを、次々に実現することができるのがスクラッチのみりょくの1つなんだ。

この物語、続きはキミの手で作り出してみてね。

音色を変えられる電子ピアノを作ろう

鍵盤をクリックすると音が鳴るよ!

楽器をクリックすると音色が変わるよ!

この章で作るゲームの紹介

スクラッチは、舞台の役者にあれこれ指示を出して、自由に動かすことができるところは分かったかな？　でも、スクラッチのみりょくはこれだけじゃないんだ。むしろ、これだけなら他のアニメーションソフトを使えば、もっと立派なアニメーションが作れる。

スクラッチのみりょくは「イベント」。見ている人の操作に従って、その動きを自由に変更できることなんだ。言ってみれば、劇の内容を観客が変化させることができちゃうってこと。

たとえば、1章で作った劇のコードは、最後にナイトがカエルにされて終わってしまった。でも、ユーザーがキーボードを操作してうまく魔法をよけることができたら、カエルにならずにすむなんていう劇ができたら面白いよね。

この章では、そんな「イベント」を使ってちょっとちがったプログラムを作ってみるよ。さっそく先生の作品を見てみよう（1）。作品の見方は4ページに書いてあるよ。

マウスで鍵盤をクリックすると、音が鳴るね（2）。ちゃんとドレミのメロディーになっているので、簡単な音楽を奏でることもできるよ。さらに、くじらの左右にある楽器をクリックすれば、音色が変わるのでさまざまな音を楽しむこともできる。

保護者の方へ

この章のゲームは、音が出ます。お子さんがお使いのパソコンで音が出るように調整をお願いします。ノートパソコンの場合は、スピーカーが搭載されていることがほとんどなので、スピーカーをオンにしてください。デスクトップタイプのパソコンの場合はヘッドホンやイヤホンをつながないと音が出ないこともあります。
また、音量が大きすぎないかもあらかじめ確認をお願いします。周りが静かな場所の場合には、ノートパソコンでもイヤホンなどをお使いください。

また、キーボードの1、2、3･･･の数字を押しても演奏することができるぞ。最後に左上のたいこのボタンは、メトロノームだよ（3）。クリックすると一定のリズムでドラムの音を奏でてくれる。こんな、電子楽器をさっそく作ってみよう！

準備しよう

それでは、スクラッチ左上で「ファイル→しんき」を選んで新しい作品を作ろう（1）。スクラッチキャットが表示されるので、これはスプライトの右上の⊗ボタンで削除しておこう（2）。

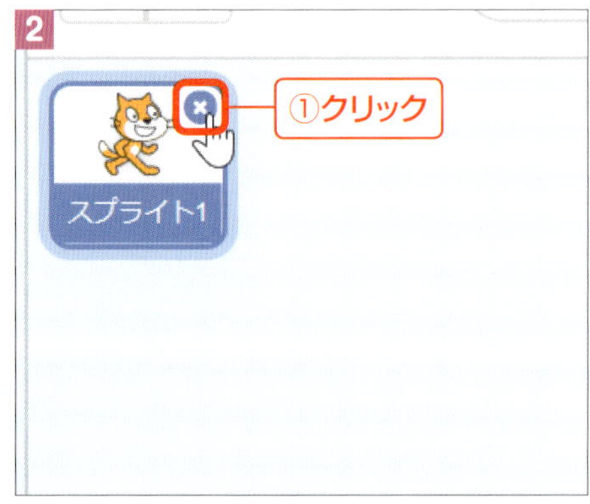

また、このコードを試すときは、パソコンから音が鳴ることを確認しよう。実際に音が鳴るかを確認するには、コードグループの「おと」グループにある ニャー ▾ のおとをならす ブロックをクリックしてみて。「ニャー」という音が鳴るはずだよ（3）。「ニャー」ではなく「ポップ」と表示されていることもあるよ。

準備はいいかな？　それでは、進めていこう。

オリジナルのスプライトを置いてみよう

スクラッチでコードを作る時は、まずはスプライトを置くところからだったね。ただ、今回はスクラッチに用意されているものではなく、オリジナルのスプライトを使ってみるよ。

本のサポートサイトからダウンロードした「材料BOX」フォルダーを準備しておこう。まだ準備できていない人は8ページを見てね。

まずは、背景から読み込んでいくよ。ステージの下にある「はいけいをえらぶ」ボタンにマウスカーソルを置くと、上にメニューが伸びる。この一番上にある「はいけいをアップロード」ボタンをクリックしよう（1）。

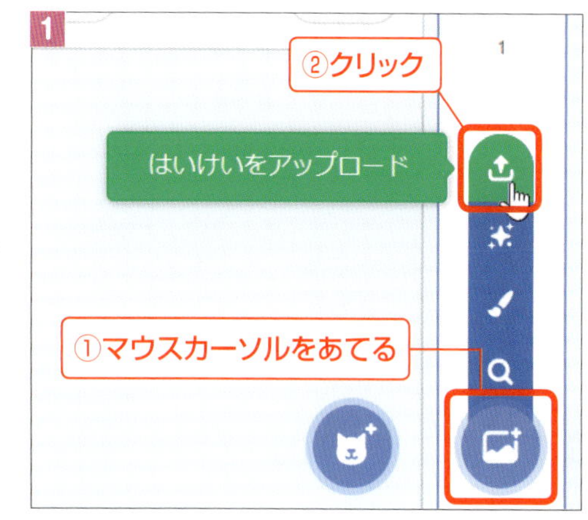

「材料BOX」の「02 くじらピアノ」フォルダーから、「はいけい.png」という画像をダブルクリックするよ。2のように背景が変わるね。

オリジナルのスプライトの作り方は80ページへ

今度は、くじらピアノの台座を準備しよう。スプライトを追加するよ。こちらも、「スプライトをえらぶ」ボタンにマウスカーソルを当てて、出てくるメニューから「スプライトをアップロード」ボタンをクリックしよう（3）。

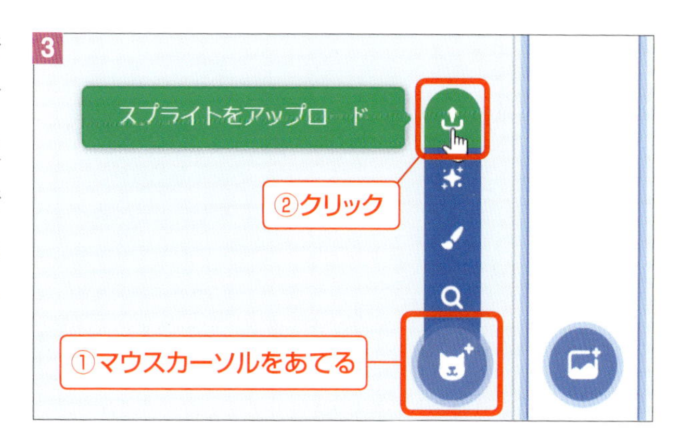

同じく、「材料BOX」の「02 くじらピアノ」フォルダーから「だいざ.png」をダブルクリックして読み込むよ。ドラッグアンドドロップで 4 のように移動しておこう。

音を鳴らそう

いよいよコードを作っていくよ。まずは、くじら台座に鍵盤を置いて、音を鳴らしてみよう。同じようにスプライトのアップロード画面で「材料BOX」の「02 くじらピアノ」フォルダーから「はっけん.png」を読み込もう（1）。

そしたら、台座に薄く見えているガイドを見て、ドラッグアンドドロップで一番左はじに置いてみて（2）。

そしたら、音が鳴るようにコードを作っていくよ。

ドレミの音を鳴らす場合、スクラッチは「拡張機能」という、特別な機能から追加をしないと使えないんだ。ブロックグループの一番下にある「かくちょうきのう」ボタンをクリックしよう（3）。

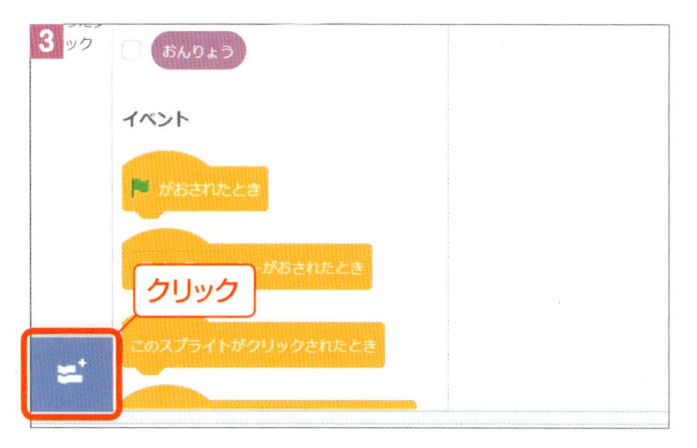

いくつかの拡張機能が表示されるので、「おんがく」を選んでクリックしよう（4）。

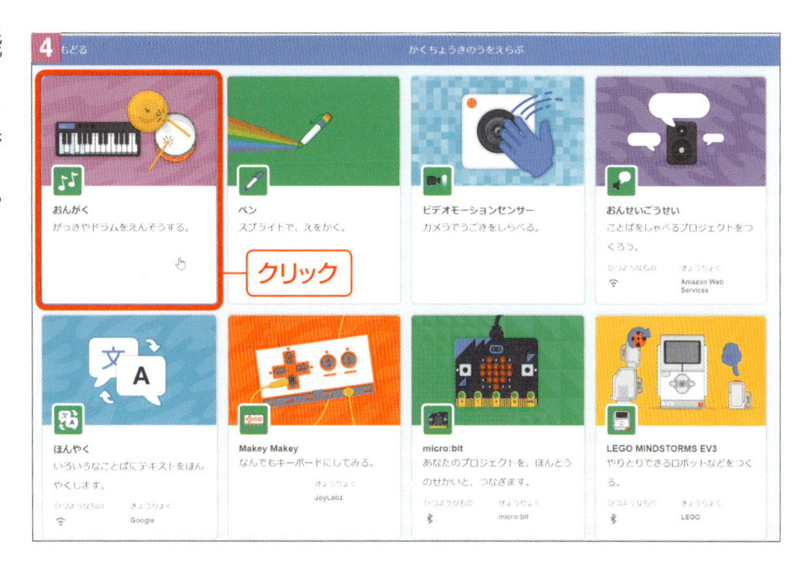

ブロックグループの一番下に「おんがく」というボタンが増えるぞ（5）。このまま作業を進めていこう。

それではステージ上にある、今作った白鍵をクリックして、「おんがく」グループの 60 のおんぷを 0.25 はくならす ブロックをコードエリアに置いてみよう。「60」という数字は「ド」の音に付けられた番号（くわしくは80ページを見てね）。62、64、66と数字が増えるにつれて、レ、ミ、ファと音が上がっていくよ。でも、覚える必要はなくて、マウスで数字の部分をクリックすれば 6 のように鍵盤が表示されるので、選ぶだけでいいよ。好きな音を選んで鳴らしてみよう。試したら、60（ドの音）に戻しておいてね。

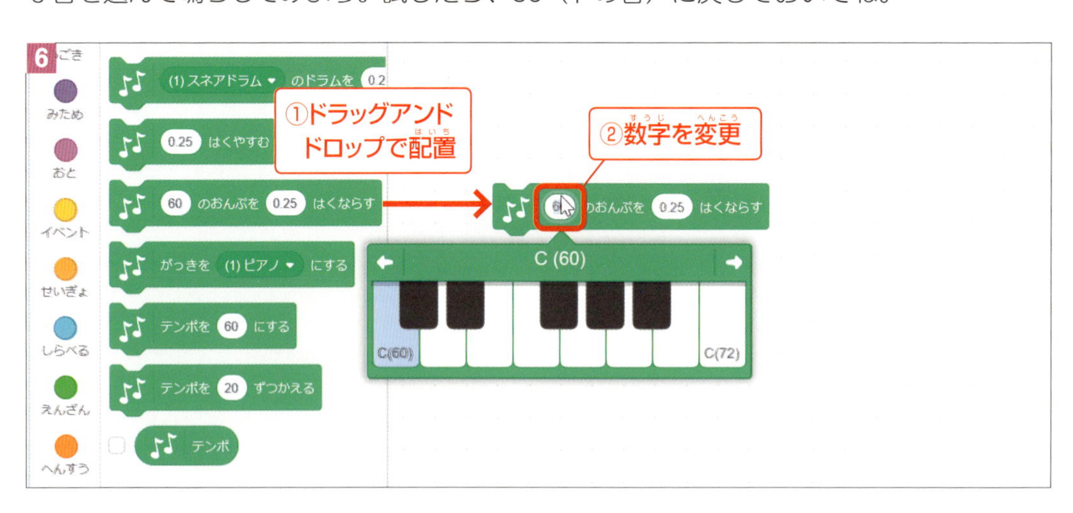

クリックに反応させよう

鍵盤をクリックしたときに、この音が鳴るようにしよう。「イベント」グループにある

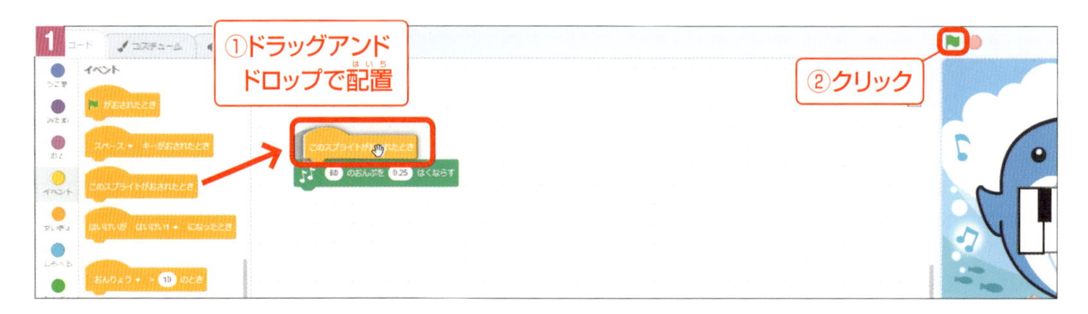

これでOK。画面上部の をクリックしてコードをスタートしよう。1章のコードでは、スタートするとすぐコードが始まったけれど、今度のコードはまだ「イベント」を待っている状態になっているんだ。
ここで、鍵盤をクリックすると、はじめて音が鳴るぞ。そして、何度もクリックすれば、その分だけ音が鳴るんだ。

キーボードにも反応させよう

次にキーボードの「1」を押したときも、音が鳴るようにしてみよう。残念ながら、2つのイベントを同じブロックに設定することはできないので、ブロックをコピーして利用しよう。 60 のおんぷを 0.25 はくならす ブロックを右クリックして、「ふくせい」（「コピー」という意味だよ）を選ぶ（1）。すると、同じブロックが増えるので、置きたいところでもう一度クリック。ここに「イベント」グループの スペース▼ キーがおされたとき をくっつけよう。そして、「スペース」の右の▼から「1」を選ぶよ（2）。

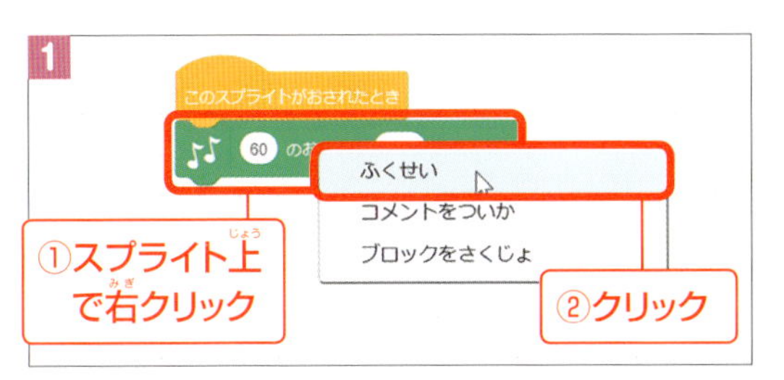

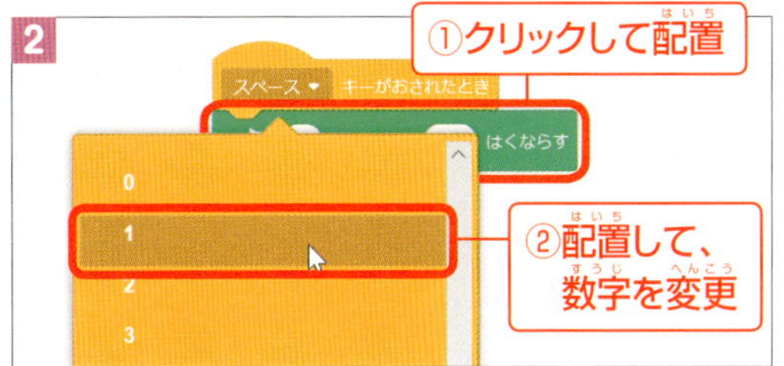

これで、キーボードを押しても音が鳴るようになった！

音色を変えよう

音を鳴らすブロックは、最初はピアノの音になっている。しかし、この音色は自由に変えることができるんだ。「おんがく」グループの がっきを (1)ピアノ▼ にする ブロックを、1のように間にはさもう。
数字の部分をクリックして、リストを表示すると21種類の楽器に切り替えられることが分かるぞ。好きな楽器に変えて音を鳴らしてみて（2）。

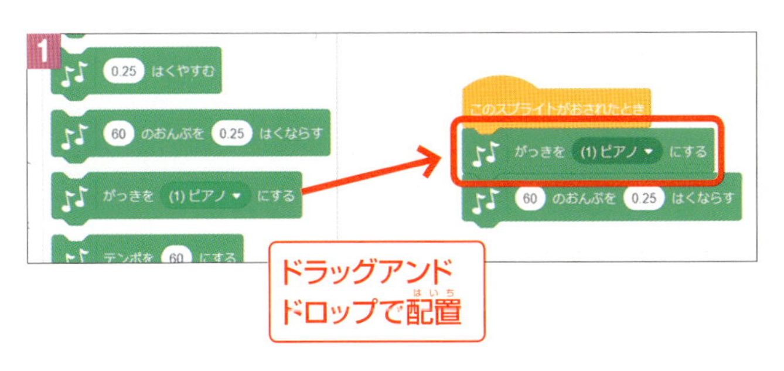

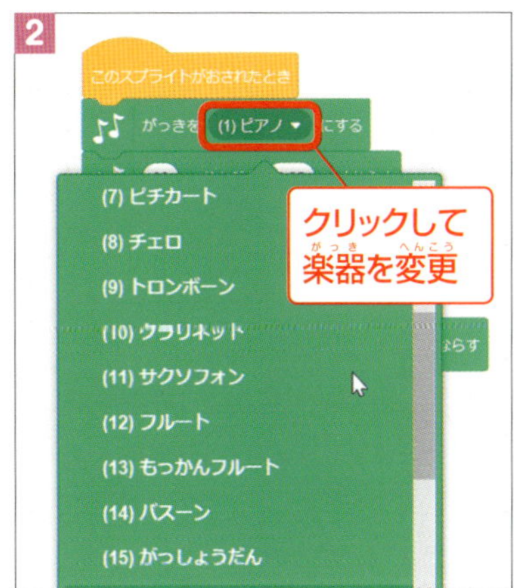

同じく、 1 キーがおされたとき の下にもつなげておいてね（3）。

「変数」を使って、音色変更ボタンを作ろう

では、この音色をプレイヤーが自由に変更できるようにしてみよう。新しいスプライトを「材料BOX」の「02 くじらピアノ」フォルダーから読み込むよ。今度は「ギター.png」を読み込んで、1の場所に置いてみよう。

このボタンをクリックしたら、音色を4番の「ギター」に変えてみるよ。そのためには、鍵盤のコードに「楽器がギターになった」ということを知らせなければならないね。

ここで使うのが「変数」という機能。「変数」は、ある内容を覚えておいて、他のブロックにその内容を教えてあげたり、後で自分が思い出せるようにしておくことができるんだ。

まずは実際に試してみよう。「へんすう」グループの へんすうをつくる ボタンをクリックしよう。3のようなウィンドウが表示されるので、「あたらしいへんすうめい」に「がっき」と入力する。そして、「すべてのスプライト用」が選ばれていることを確認して［OK］ボタンをクリックしよう。

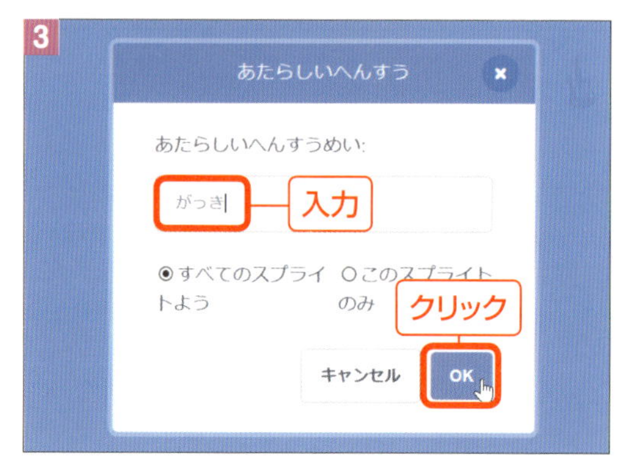

すると、ステージ上に4のように表示され、また「へんすう」グループにブロックがいくつか追加される（5）。これで「がっき」という変数ができたよ。この「がっき」に数字を覚えさせていこう。

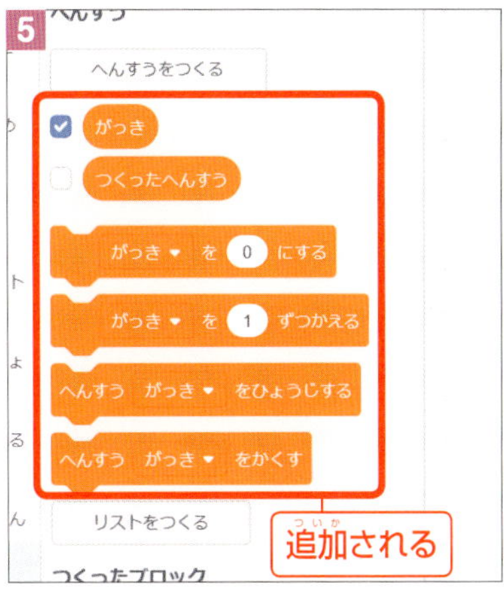

ギターボタンのコードに、［がっき ▾ を 0 にする］のブロックを追加して、数字を「4」に変更する。この数字は、「ギター」に対応した数字なんだ。後で楽器を変更するときにわかるよ。そして、「イベント」グループの［このスプライトがおされたとき］を上にくっつけよう（6）。

すると、このギターボタンがクリックされたときに「がっき」という変数が4に変わるので、この数字を使って実際の音色を変えるぞ。ステージのギターボタンをクリックすると、左上にある変数が変わっていることが確認できるはずだ（7）。

白鍵のスプライトをクリックして（8）、9の部分に「へんすう」グループの［がっき］というブロックを重ねてみよう。うまく重なると数字部分が10のように白く光る。うまく重ならなかったら、ブロックの左上をくっつけるように操作してみて。うまくはまり込むと、11のようになる。

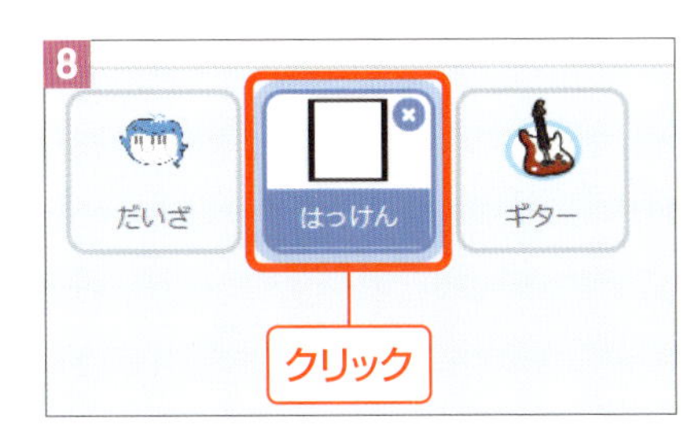

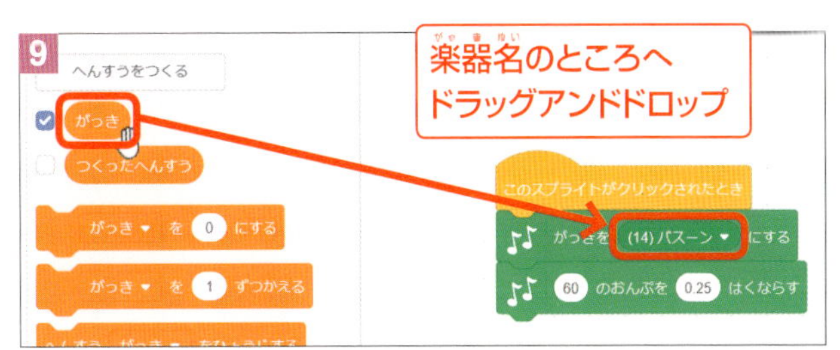

これで完成だ。さっそく試してみよう。ギターのボタンをクリックしてから鍵盤を押すと、ギターの音になった！

キーボードを押したときのコードにも、同じく変数をはめ込んでおこう（12）。

スプライトを複製しよう

今は、一度音色をギターにすると元に戻すことはできない。そこで、もう一つ楽器を変えるボタンを増やそう。ここで、先ほどと同じ操作をして増やしていってもいいけれど、もっと簡単な方法がある。「ふくせい」を使うんだ。

スプライトエリアで、ギターのスプライトを右クリックして「ふくせい」を選ぼう。スプライトが増えるので、マウスでギターの右側に移動しよう。

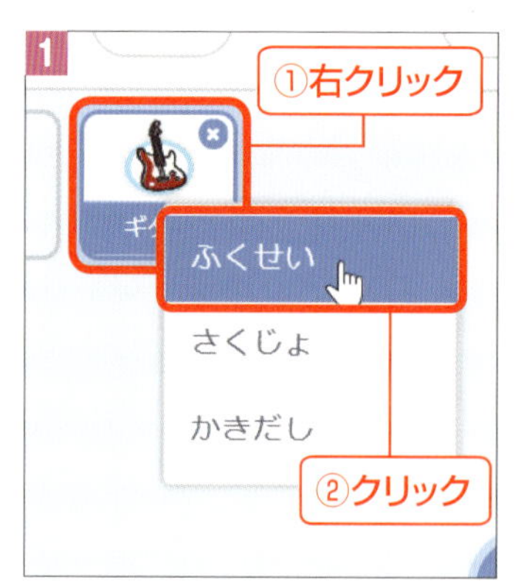

すると、まったく同じスプライトとブロックが増えるぞ。ブロックの がっき ▾ を 0 にする の数字を「1」に変えよう（3）。これで、楽器がピアノに戻る。

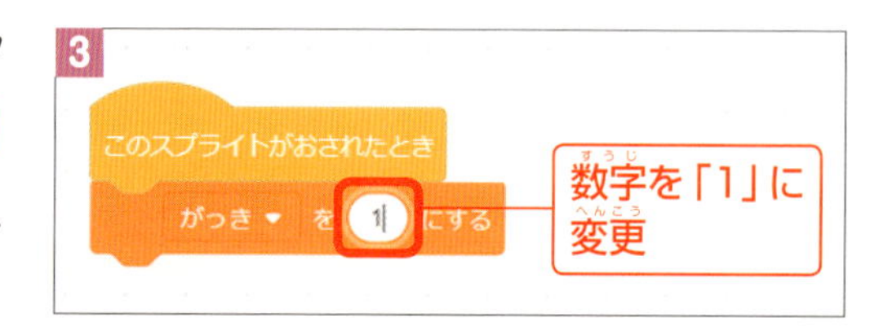

ただ、今は見た目がどちらも一緒で見分けがつかないので、ここで「コスチューム」を変更して、見た目を変えておこう。4のように「コスチューム」タブをクリックして「コスチュームをえらぶ」ボタンにマウスを置いて、出てくるメニューから「コスチュームをアップロード」ボタンをクリック。
「材料BOX」の「02 くじらピアノ」フォルダーから「ピアノ.png」を選んで読み込むよ。すると、コスチュームが2つになるので最初の1つは「削除」ボタンを選んで削除しておこう（5）。これでステージでの見た目が変わった（6）。ピアノボタンは画面の右はじに移動しておこう。

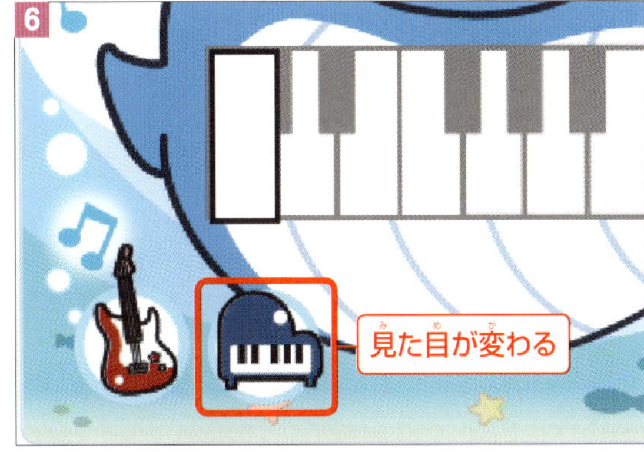

この調子でボタンを増やしていけば、音色を自由に変えることができるよ。ギターのスクリプトをまた「ふくせい」して、「材料BOX」の「02 くじらピアノ」フォルダーから「トロンボーン.png」を読み込んで（7）、コードタブに戻したら「がっき」変数を、トロンボーンになる「9」にしておこう（8）。

コードをコピーしよう

次に、黒鍵も音が鳴るようにしてみよう。コードを1から作ってもいいし、先ほどみたいにスプライトを複製して作ってもいいけれど、ここでは「コードのコピー」をしてみよう。

まずは、「スプライトをえらぶ→スプライトをアップロード」ボタンをクリックして（1）、「材料BOX」の「02 くじらピアノ」フォルダーから「こっけん.png」を読み込もう。

そして、台座の薄いガイドを見ながら、2のあたりに置いてみて。

白鍵をクリックして、ブロックを掴んだら、黒鍵のスプライトに向かってドラッグアンドドロップしよう（3）。ブロックのかたまりを2つともドラッグアンドドロップするよ。

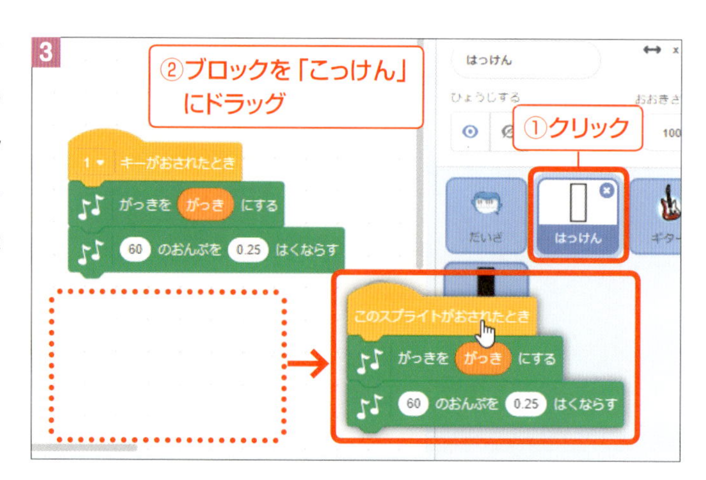

これで、コピー完了。黒鍵のスプライトをクリックして、ブロックを編集しよう。コピー直後は、ブロック同士が重なってしまっているので、マウスでずらして表示しよう。

音色を「61」に変えればドのシャープの音が鳴るようになったね。キーボードのブロックの方は、1の斜め下にある「q」のキーを設定しよう。▼を押して出てくる中から選んでみて（4）。

4

このスプライトがおされたとき
がっきを がっき にする
61 のおんぷを 0.25 はくならす
②キーボードの設定を変更する
q キーがおされたとき
がっきを がっき にする
61 のおんぷを 0.25 はくならす
①数字を変更する

楽器を変えれば、きちんとどちらの鍵盤も音が変わるようになる。これも、変数の力だね。

鍵盤を増やそう

ここまで来たらあと一息。後は鍵盤のスプライトをどんどんコピーしながら、音を変えていくだけだ。スプライトを右クリックしては「ふくせい」を選んで、配置し（1）、音の番号を変えていこう。2のようにしてね。

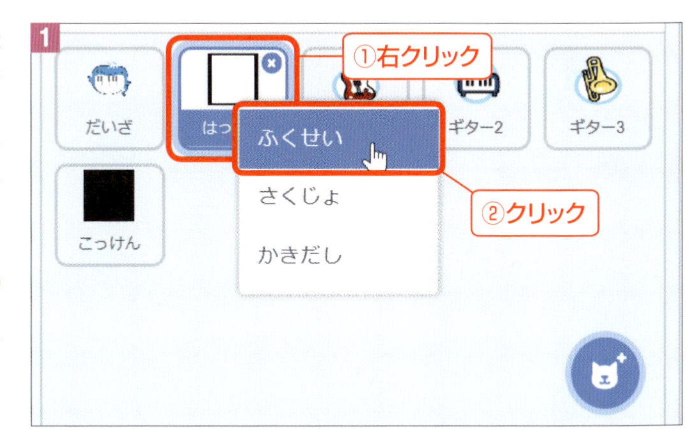

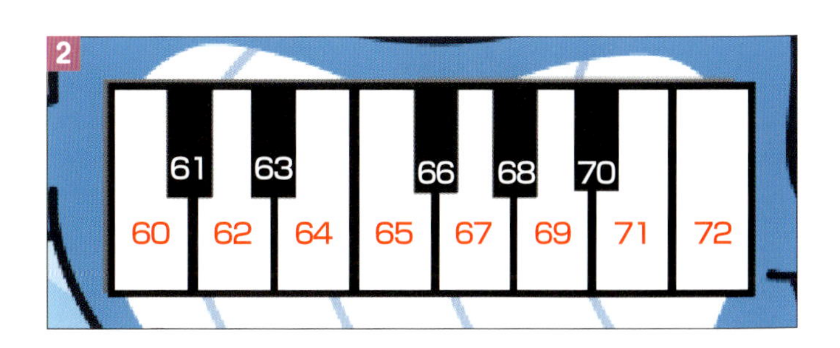

この時、コピーする順番によっては黒鍵の上に白鍵が重なってしまうことがあるんだ（3）。

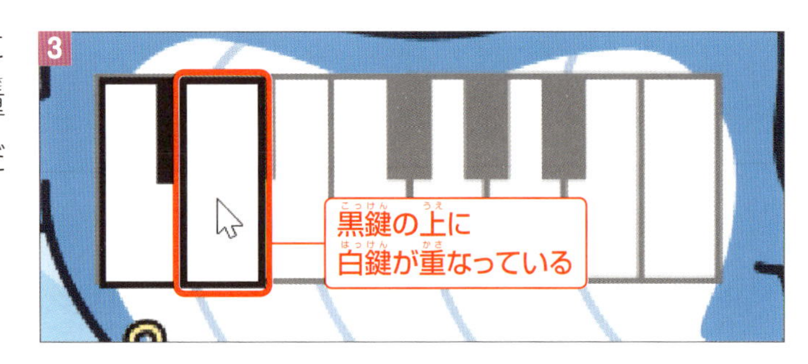

そんな時は、下の黒鍵を少しだけ動かしてみると上に移動するので、こうして重なり順を変えていこう。先に白鍵を全部コピーしてから黒鍵をコピーした方が、効率がいいよ！

また、鍵盤のキーの設定も変えていこう。黒鍵のキーは「レの#」が「w」、「ファの#」が「r」、続けて「t」「y」と設定すれば、ピアノの鍵盤と同じような配置になるよ（4）。

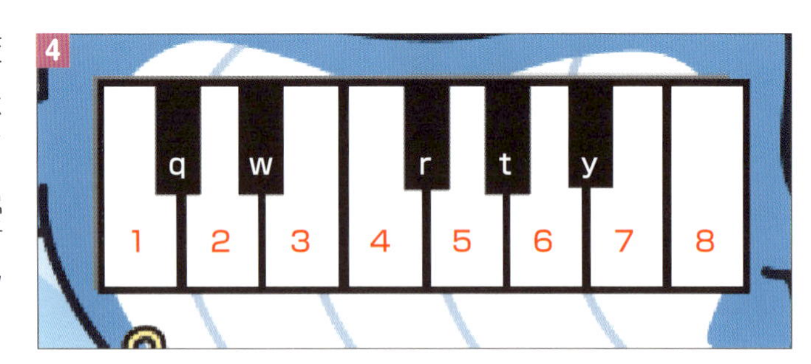

メトロノームを付けよう

最後に、メトロノームを付けよう。「スプライトをえらぶ→スプライトをアップロード」ボタンをクリックして、「材料BOX」の「02 くじらピアノ」フォルダーから「ドラム.png」を読み込もう。
1のように左上に移動しておこう。

「おんがく」グループから

ブロックを配置して、「1」拍に数字を変えよう（**2**）。ドラムの音色は自由に選ぼう。

続いてこのブロックを「制御」グループの

ずっと

ブロックで囲もう。

そして、「イベント」グループの

このスプライトがおされたとき

を上にくっつけるよ（**3**）。

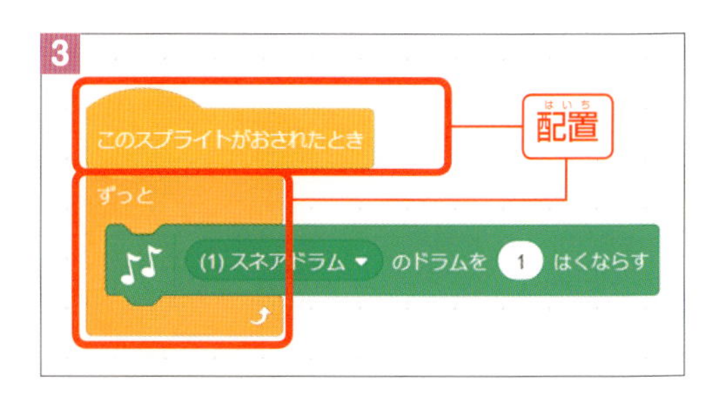

スプライトをクリックすると、ドラムが鳴り続けてメトロノームの役割をしてくれる。テンポを変えるには「音」グループの

テンポを 60 にする

を**4**の位置にくっつけよう。数字を「120」に変更すれば完成だ（120BPMは行進曲のリズムだね）。

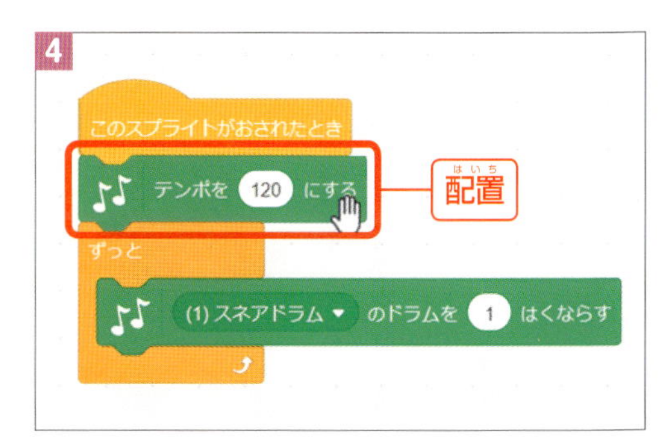

完成！

これで、電子楽器の完成だ。今は1オクターブ分の鍵盤しかないので、ちょっとした音楽しか弾けないけれど、手間さえかければどんどん増やすことができるよ（48の「低いド」から72の「高いド」までしか選べなくなっているけれど、数字を直接入力すれば、もっと低い音、高い音も設定できるぞ）。音色を増やしたり、電子ドラムを作ったりなんていうこともできるので、がんばって作ってみてね！

ステップアップ 自分でスプライトを作ってみよう

スクラッチは、最初からたくさんのスプライトが準備されているけれど、作りたいゲームなどに合わせて、自分で作ることもできるんだ。いくつかの作り方があるよ。

●スクラッチで描く

スプライトパネルにある「スプライトをえらぶ」にマウスを当てたら、出てくるメニューから「えがく」を選ぼう（1）。左側にお絵かきツールが起動するよ（2）。

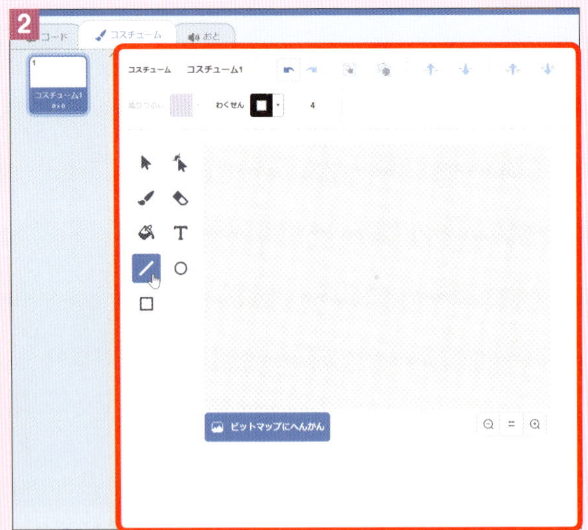

たとえば、左側上から4つ目の「ちょくせん」ツール（／）をクリックして、画面上をマウスでドラッグすれば、まっすぐな線を描くことができるよ（3）。

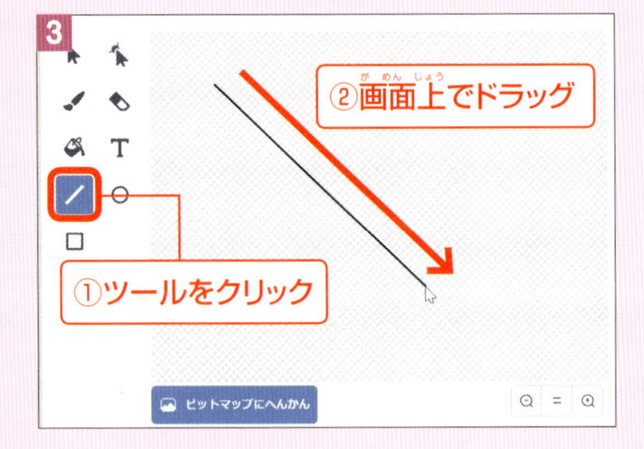

まちがえてしまったときは、「けしごむ」ツール（◆）で消すことができる（4）。

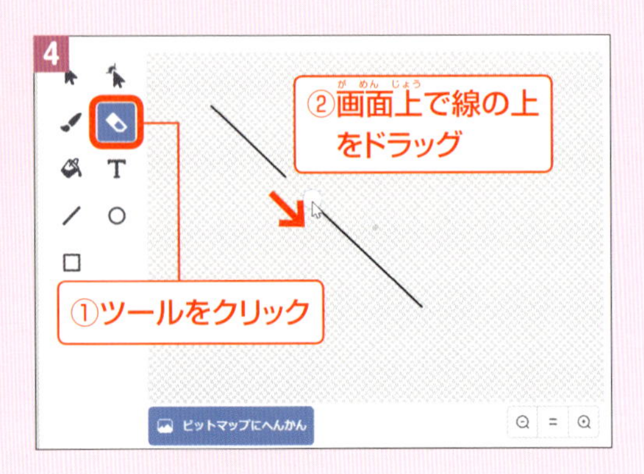

まとめると、5のようなツールがあるので自由に絵を描こう。

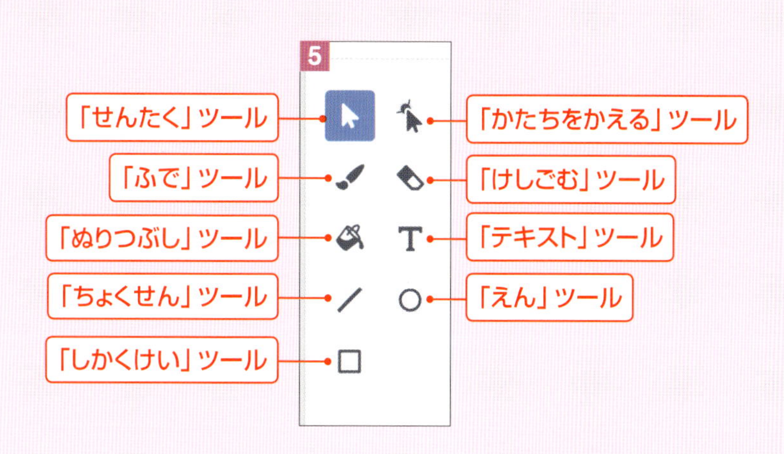

「せんたく」ツール……描いた図形を選択して、移動や削除などができる（6）。

「ふで」ツール……マウスや指の動きに合わせて、自由な線が引ける（7）。

「ぬりつぶし」ツール……「ふで」ツールや、「しかくけい」・「えん」ツールなどで描いた図形の中を、塗りつぶすことができる（8）。

「ちょくせん」ツール……まっすぐな線を引くことができる。Shiftキーを押しながら描くと、45度ずつの線が正確にひける。

「しかくけい」ツール……長方形を描くことができる。Shiftキーを押しながら描くと正方形になる（9）。

「かたちをかえる」ツール……描いた図形の線を歪ませて、自由な形に変えることができる（10）。

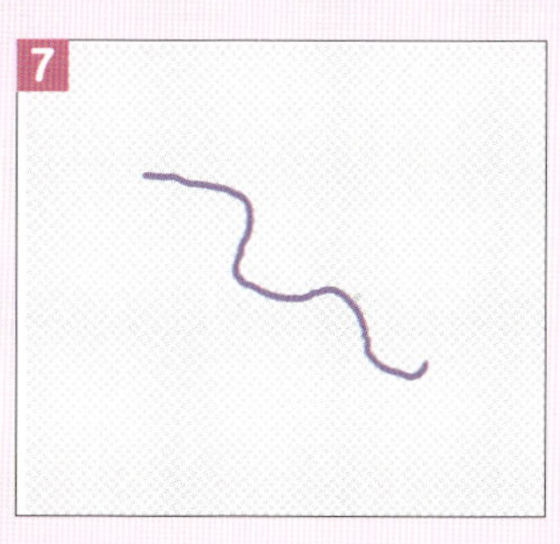

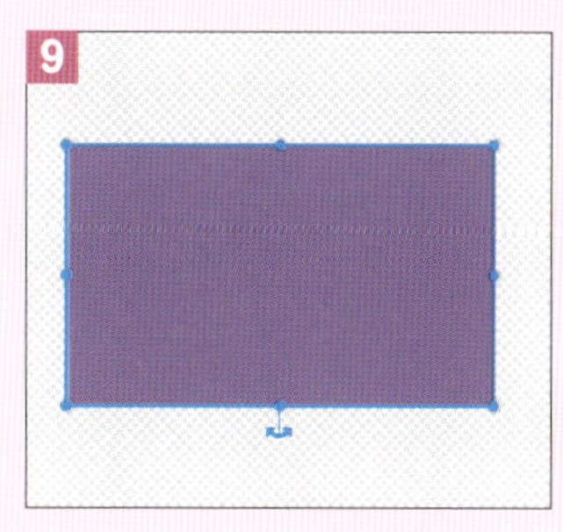

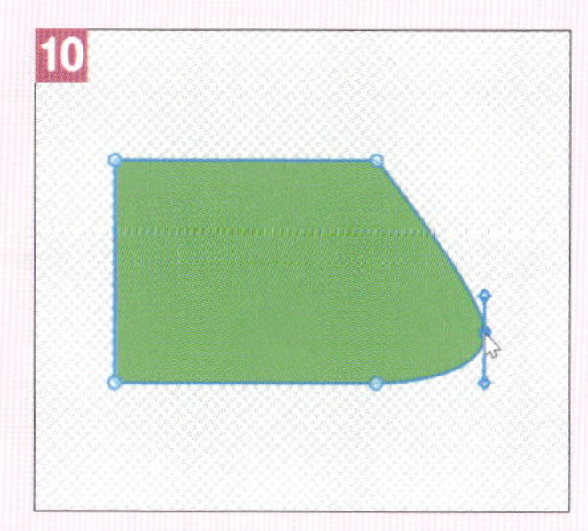

「けしごむ」ツール ……………… 描いた線を消すことができる。
「テキスト」ツール ……………… クリックしたところに、文字を入力できる（11）。
「えん」ツール ……………………… 円を描くことができる。Shiftキーを押しながら描くと、正円になる（12）。

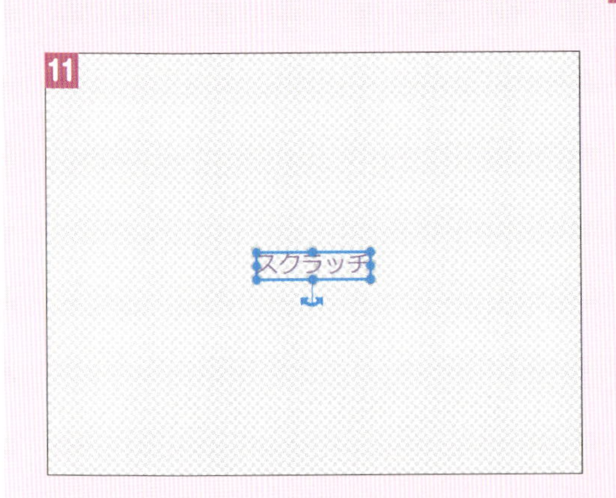

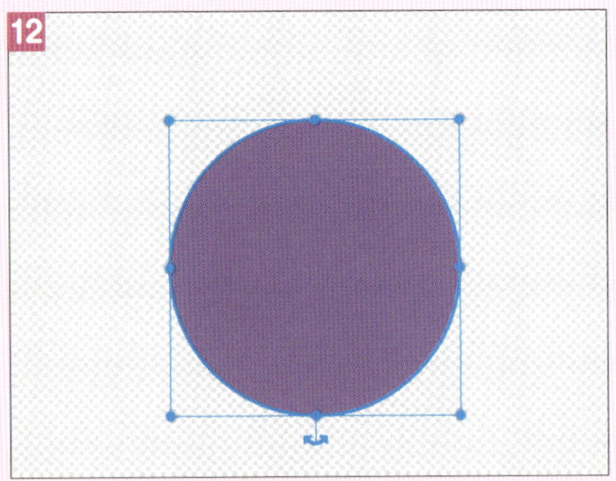

さらに、画面の上では線の太さを変えたり13、色を変えたりすることもできるよ（14）。選ぶツールによって微妙に設定できる内容が変化するのでいろいろ試してみよう。

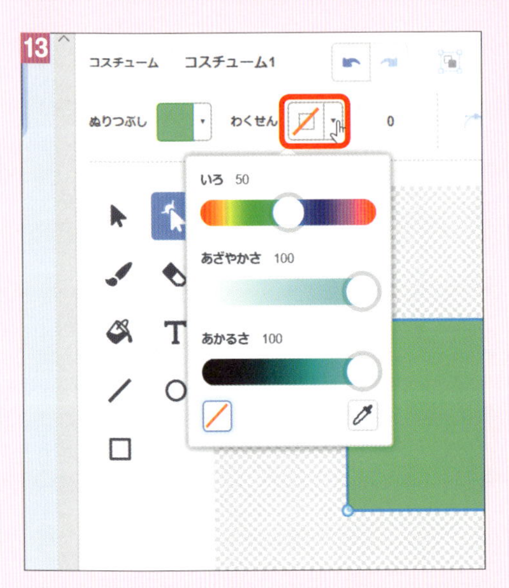

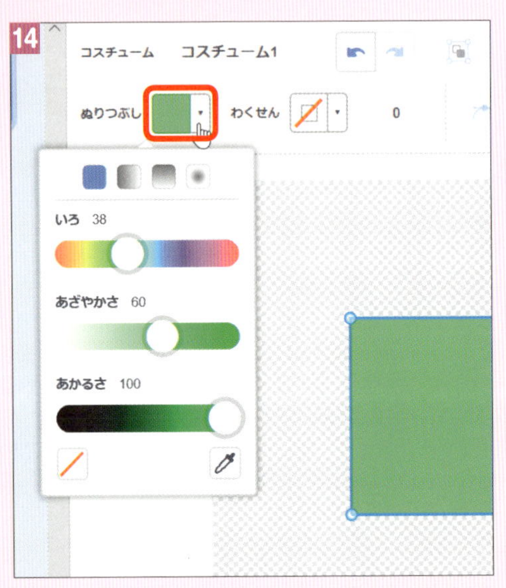

このお絵かきツールだけでも、いろいろ楽しめるツールになっているので、いろいろな絵を描いて遊んでみよう。

自分で描いた絵が動いたら、楽しそう!

●ファイルから新しいスプライトをアップロード

もし、キミが他にお絵かきツールなどを持っている場合は、それらのソフトで絵を描いて保存しておけば、スプライトに読み込んで（アップロードというよ）使うことができるよ。
保存する時に、「JPEG形式」や「PNG形式」などの画像形式を選んでおいてね。くわしくは、各ソフトの使い方を見てみよう。

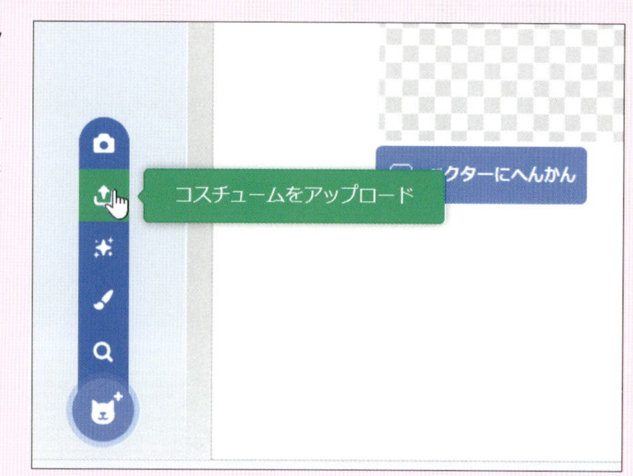

ちなみに、マンガやアニメのキャラクターなどを勝手に使ってゲームを作るのは法律違反なのでダメだよ。自分で描いたキャラクターで楽しもう。

●カメラから新しいスプライトを作る

もし、キミが使っているパソコンにカメラが搭載されている場合、カメラで撮影した写真を使うことができるよ。
📷をクリックすると、**1**のような警告ウィンドウが表示されるので「許可（またはAllow）」ボタンをクリックしよう。カメラに実際に撮影したい物を写して「保存」ボタンをクリックしよう（**2**）。

1

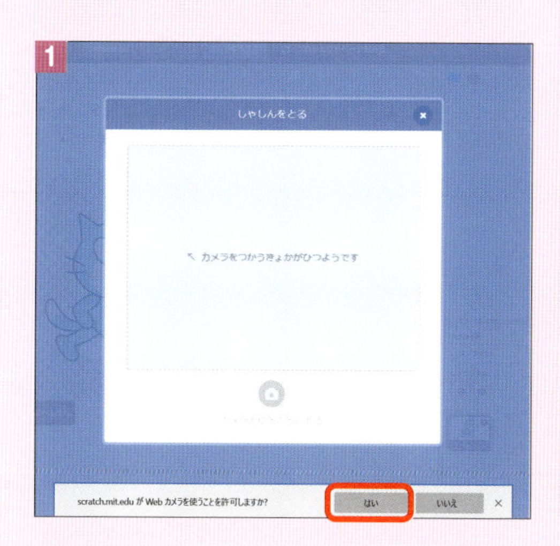

2

ちなみに、カメラで撮影するときは友だちや他の人の顔などを勝手に撮影して使わないようにしようね。

ステップアップ　音を数字で表現するMIDIコード

「音を鳴らす」のブロックでは、「60」が「ド」、「62」が「レ」など数字で指定をしていたね（1、2）。この数字、なぜ「ド」が「60」という数字なんだろう？

1

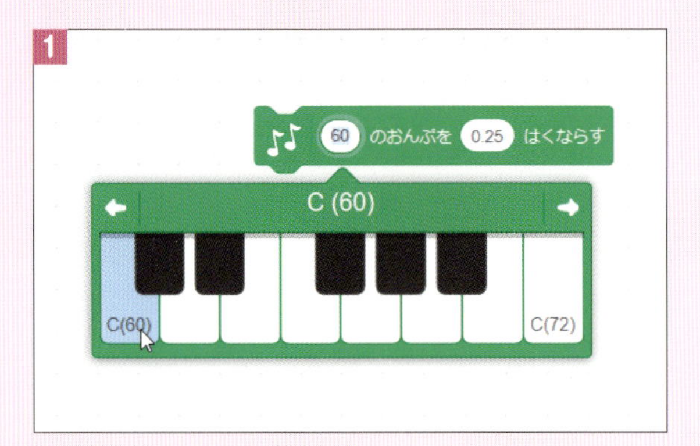

2

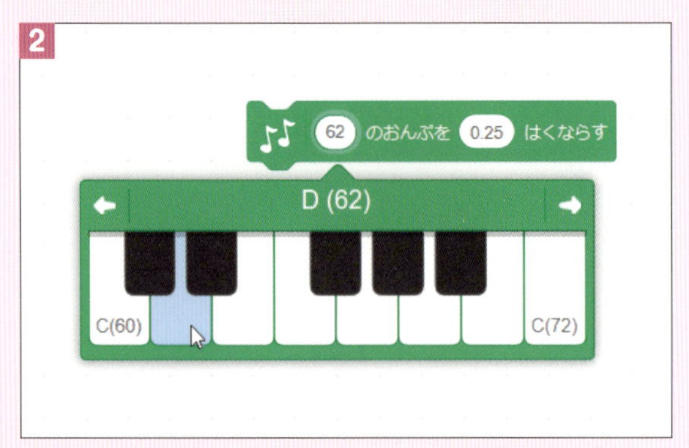

これは「MIDI」というコンピューターで音楽を鳴らすためのしくみから来ている数字なんだ。コンピューターは、昔の「計算機」が進化してできたため、数字しか扱うことができないんだ。コンピューターのことを「デジタル」なんていうけれど、「Digital」という英語は「数字を使う」という意味だね。

3

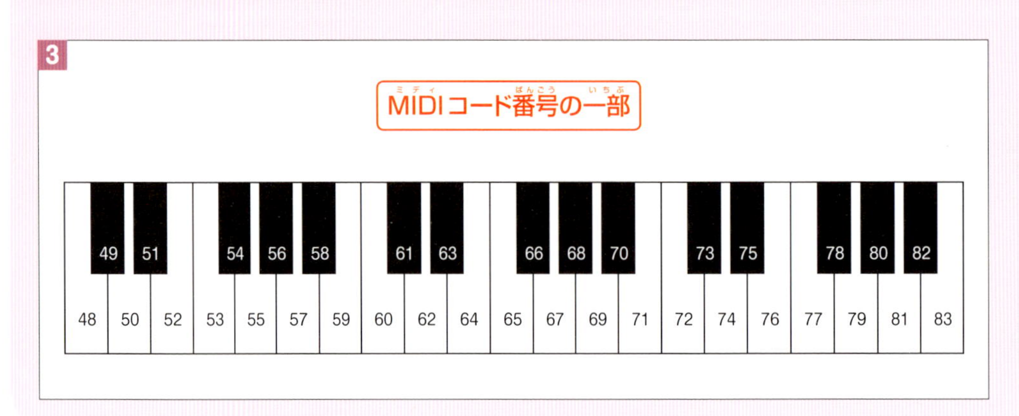

コンピュータはその後、文字や画像、映像や音楽などを扱えるようになったけれど、あらゆるものを「デジタルデータ」、つまり数字で管理することにしたんだね。
たとえば、文字だったら、「A」という文字に「65」、「B」という文字に「66」、「Z」という文字には「90」といった具合に数字がつけられて、僕らはこの「文字コード」と呼ばれる数字（4）を使って、友だちとメールやメッセージをやりとりしているんだよ。

ただ、これらの数字は実際にはコンピューターが処理をして文字として見せてくるので、普段意識することはほとんどないんだ。

同じように絵も映像も、音楽も、すべてが数字で管理されているのがコンピューターの世界なんだ。ということで、「音を鳴らす」ブロックで指定する数字は、コンピューターが音を管理するために付けた数字、「MIDIコード」の番号だったんだね。

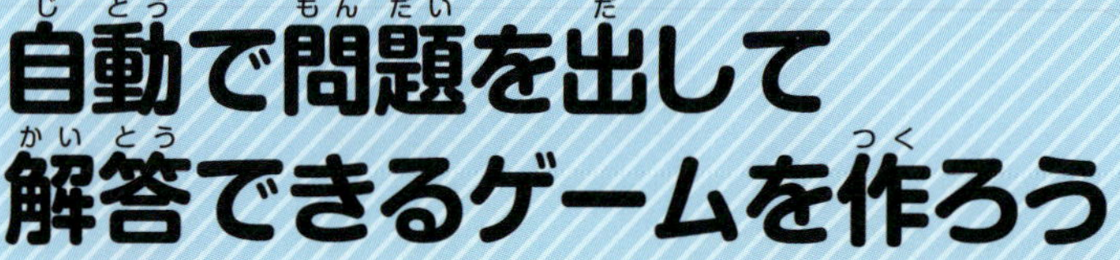

自動で問題を出して解答できるゲームを作ろう

先生が足し算の問題を出すよ!

答えによって先生の顔が変わるよ!

スクラッチは、プログラムをしっかり作れば、ちゃんとしたゲームだって作ることができるぞ。ここでは、簡単な計算ゲームを作ってみよう。
まずは、先生が作った作品で遊んでみよう。サンプルの見方は4ページを確認してね。

をクリックすると、ペンギン先生が上の図のように問題を出す。そして、画面の下に入力らんが出てくるので、キーボードから答えの数字を入力して［Enter］キーを押してみよう。正解・不正解を教えてくれるぞ（音が鳴るので気をつけてね）。

もし、うまく反応しない場合はキーボードが日本語を入力するモード（36ページを見てね）になっていないか、確認してね。または、右側の ボタンをクリックするとうまくいくこともあるよ。

新しい作品を作ろう

それでは、さっそくこのゲームを作っていこう。まずはいつも通り、左上から「ファイル→しんき」メニュー（または「つくる」メニュー）をクリックして、新しい作品を作ろう（1）。スクラッチキャットは、スプライトの ✖ ボタンで削除してしまおう。

今回もこの本の付録イラストを使って作っていこう。画面左下の「はいけいをえらぶ→はいけいをアップロード」を選んで、「材料BOX」から、背景を読み込んでいくよ。

「03 ペンギンせんせい」フォルダーの中の「はいけい.png」をダブルクリックしよう。背景が読み込まれるよ（2）。

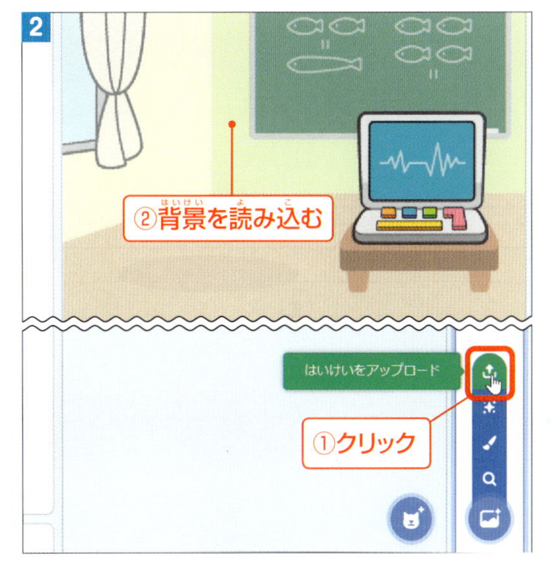

続いて、ペンギン先生のスプライトを配置しよう。ステージ下のスプライトをえらぶ→スプライトをアップロードをクリックして、「材料BOX」の「03 ペンギンせんせい」フォルダーから「ペンギンせんせい.png」をダブルクリックしよう。置く場所は、3のようにしてね。

問題を出そう

それでは、このペンギン先生が問題を出すところを作っていこう。それには、「しらべる」グループの What's your name? ときいてまつ のブロックを使うぞ。このブロックは、「あなたのなまえはなんですか？」と表示されていることもあるよ。

ペンギン先生のスプライトをクリックしたら、What's your name? ときいてまつ のブロックをコードエリアに置いて、内容を「1と1を足したらいくつ？」に変更しよう。

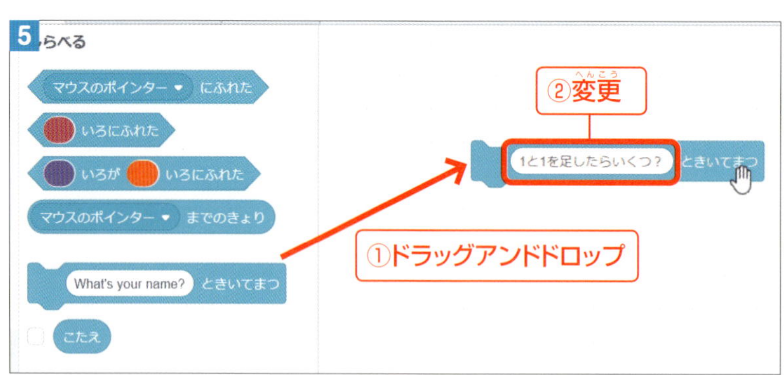

ブロックをクリックすると（6）、7のようにペンギン先生が問題を出し、入力らんがステージの下に表示されるね。何か入力して右側の✓ボタンを押してみよう（まだ何も起こらないよ）。

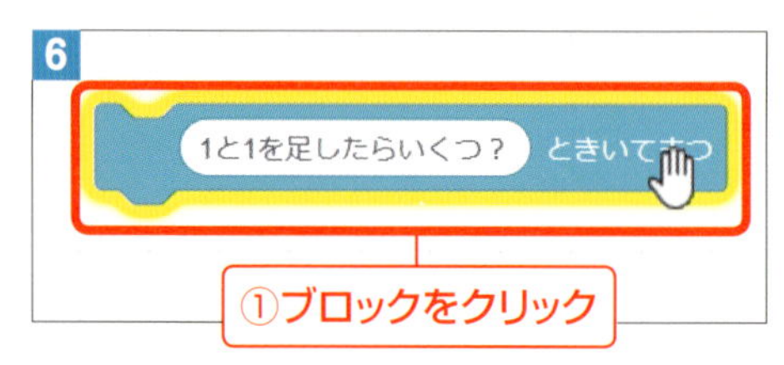

「答え」を出そう

入力した内容は、「こたえ」という「変数（72ページを見てね）」に保存される。前の章では「がっき」という変数を「へんすう」グループから作っていたけれど、この「こたえ」という変数は最初から準備されていて「しらべる」グループにあるんだ。

用意されている「こたえ」というブロックをクリックすると、君の答えが表示されるよ（1）。

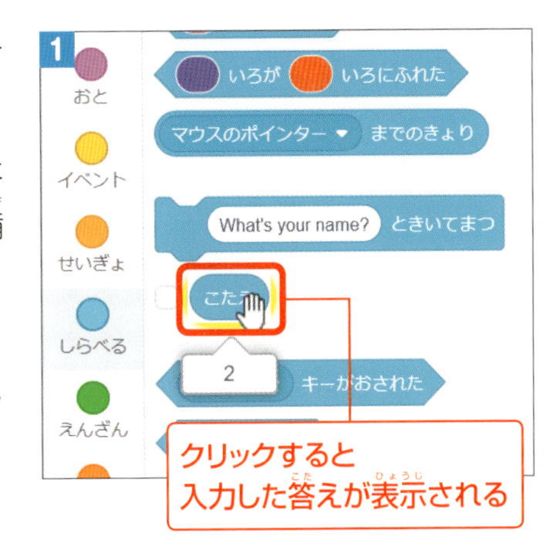

問題を作ろう

では、このしくみを使って実際に問題を出すようにしてみよう。問題がいつも同じでは面白くないので、ペンギン先生に考えてもらおう。つまり、コンピューターに自動的に考えさせるってことだね。いつも違う数字を出すことをコンピューターの世界では「乱数」と言って、ゲームでは非常によく使われるしくみなんだ。この後何度も出てくるので覚えておいてね。

ここでは、問題となる足す数と足される数を、乱数を使って出してみよう。
まずは、問題となる「変数」を作るよ。「へんすう」グループにある「へんすうをつくる」ボタン（72ページを見てね）をクリックして、「かず1」という名前にしよう（1）。

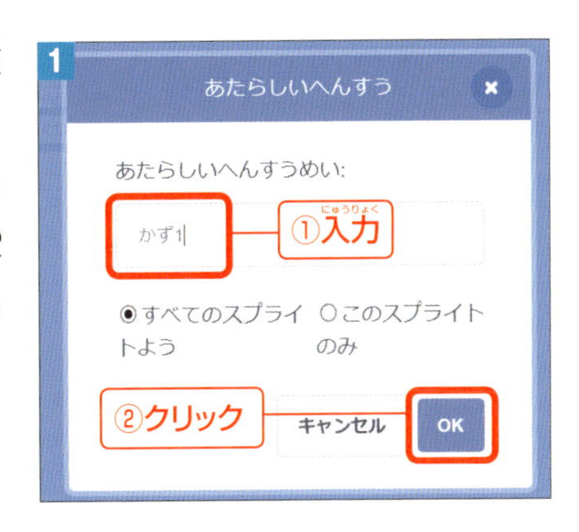

同じ操作をして、「かず2」という変数も作っておこう。「へんすう」グループが、2のようになっていればOK。

次に、同じ「へんすう」グループにある かず1 を 0 にする ブロックを、ペンギン先生のコードエリアの空いている場所に置いて、▼をクリックして「かず1」に変更しておこう。そして、右側に「えんざん」グループにある 1 から 10 までのらんすう ブロックをはめ込もう。ちなみに、「えんざん」は「計算」という意味だよ。

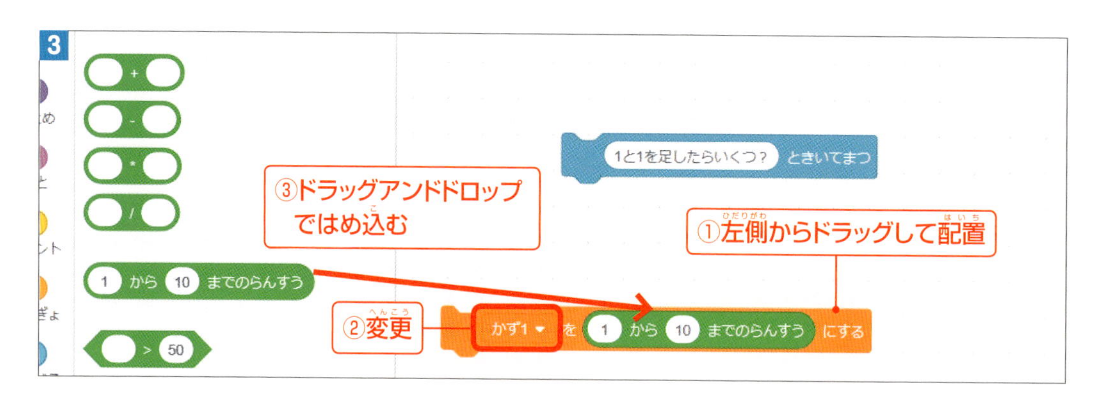

うまくはまらないときは、 1 から 10 までのらんすう ブロックの左隅を枠の中にはめ込むようにしてみてね。

同じように「かず2」についても乱数を使いたいので、ここでは1から作るよりも、今作ったものを複製（コピー）して作っていこう。

今作ったブロックを右クリックして「ふくせい」をクリックすると、同じブロックがもう一つできるので、そのまま下につなげてクリックし、▼をクリックして「かず2」にしておくよ。4のようになればOKだ。

こうしてつなげたブロックをクリックすると（5）、かず1とかず2は1から10までのうち、どれかの数字になるよ（6）。ステージの左上で確認できるので、何度かクリックしてみよう。

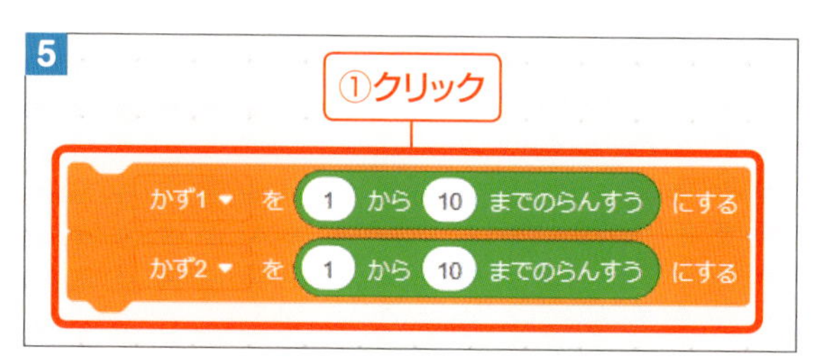

次に、このかず1とかず2を使って、問題の内容を変えてみるよ。

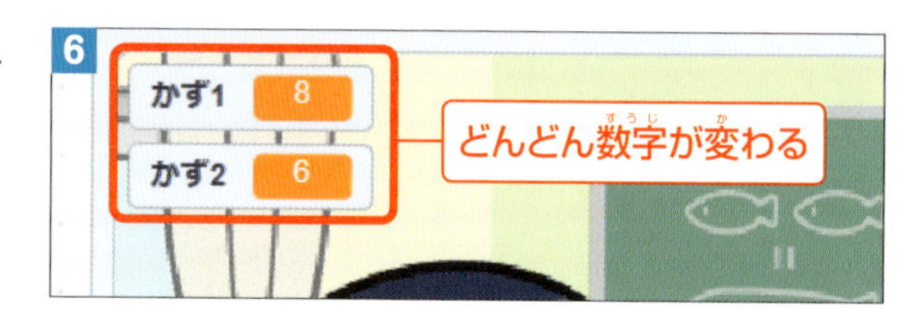

出題しよう

［What's your name? ときいてまつ］には、ブロックも入れられるんだ。ここに［かず1］や［かず2］をはめ込みたいんだけど、ここには1つのものしかはめ込めないんだ。そうすると、3のような、聞きたい問題の形にはならないよね。

※実際にはやらなくていい操作だよ

そこで「えんざん」グループの［りんご と バナナ］ブロックを使うよ。このブロックを［What's your name? ときいてまつ］ブロックにはめ込もう。すると、はめ込めるところが2つに増えるぞ。

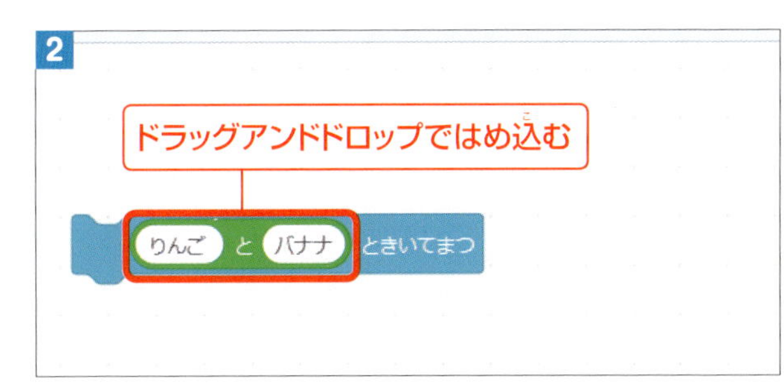

だけど、まだ足りないんだ。2つの変数をはめ込んでしまうと、他のメッセージがはめ込めない。今表示しようとしている「1と5を足したらいくつ？」といったメッセージは、3のような作りになっているね。

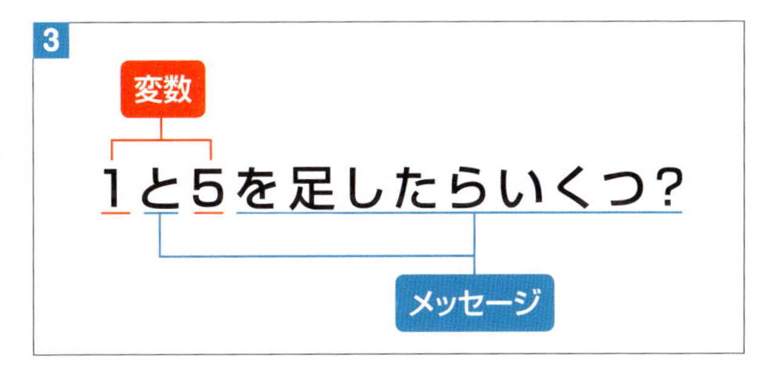

つまり、空欄が4つ必要ってことだ。そこで、［りんご と バナナ］ブロックをもう一つ、［りんご と バナナ］ブロックの右側にはめ込もう（4）。

これで、3つ。同じ作業を繰り返してもう一つはめ込んだら、4つの空欄ができた（5）！

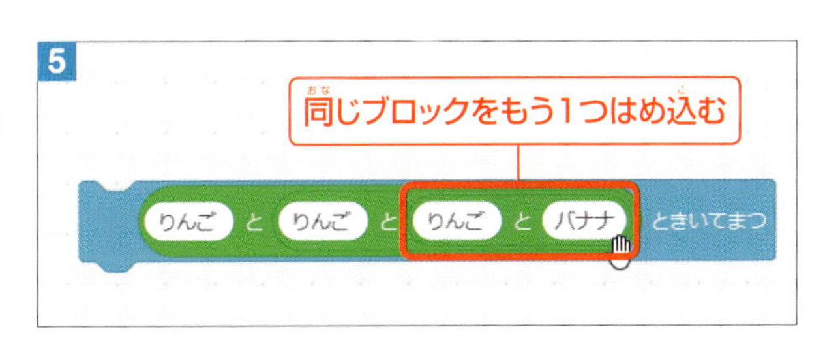

それでは、順番にはめ込んでいこう。まずは、「へんすう」グループの かず1 という変数をはめ込んで、その次が「と」、さらに変数の かず2 をはめ込んで、最後に「をたすと？」と書き込むよ（6）。

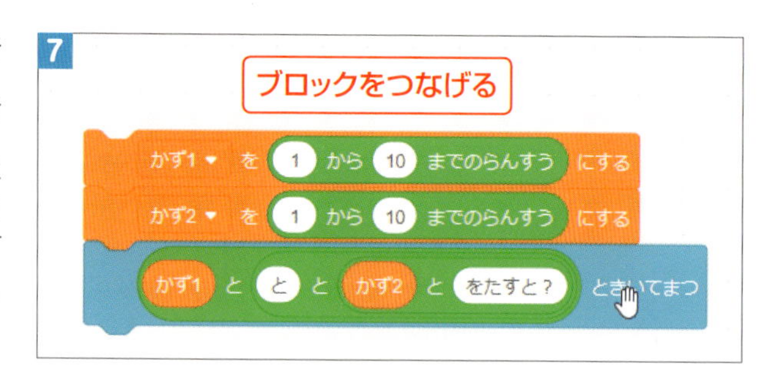

これでクリックをすると、「乱数」を使って作られた数字を使って問題を出すようになったね。先ほど作った乱数を作るブロックを図のように上につなげておこう（7）。これで、出題部分はOKだ。

7
ブロックをつなげる
かず1 を 1 から 10 までのらんすう にする
かず2 を 1 から 10 までのらんすう にする
かず1 と と と かず2 と をたすと？ ときいてまつ

「もし」ブロックで正解を判断しよう

こうして問題を出したら、答えが合っているかを先生に考えさせよう。

もし、キミが先生だったらどんな風に考えるかな？　たとえば、友だちに「1+5はなんだ？」と問題を出したとしよう。この時、友だちの答えに、心の中でどんな風に準備するかな？

「もし、6と答えたら“あたり”と言い、そうじゃなかったら“はずれー”と言おう」と心の中で考えるよね。ペンギン先生にも、これを考えてもらうようにするんだ。それには、「せいぎょ」グループにある

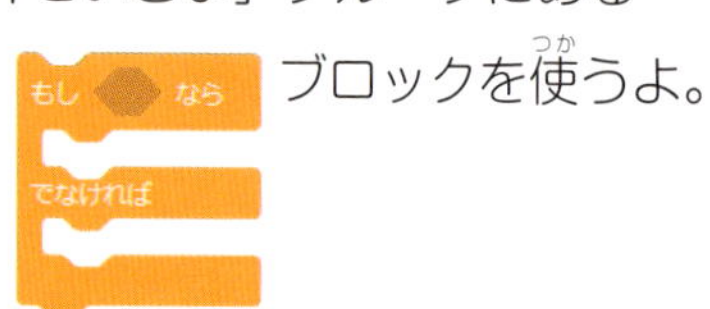

ブロックを使うよ。

このブロックは、空欄が1つと、ブロックをはさみ込める場所が2つある。これを使うと、正解の時と不正解の時の動きを作ることができるんだ。さっそくブロックの最後につなごう（1）。

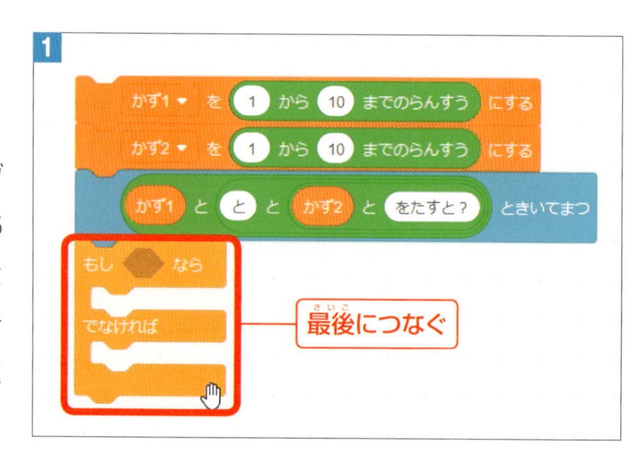

まず、「もし…なら」空欄の部分だけど、ここはちょっと形が変わっていて、ひし形になっているね。実はここには、ひし形のブロックしかはめ込むことができないんだ。「えんざん」グループや「しらべる」グループにいくつかあるよ。

ここでは、足し算の答えを調べたいので「えんざん」グループにある ＝50 ブロックをはめ込もう。

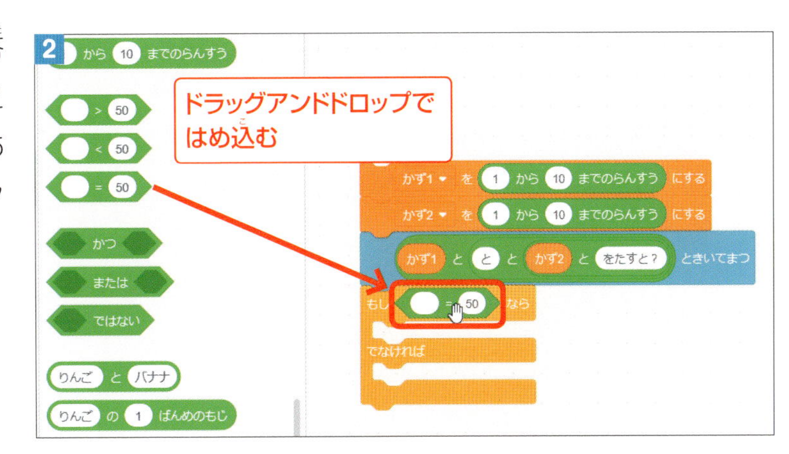

そして、左側の空欄には「しらべる」グループの こたえ ブロックをはめ込もう。

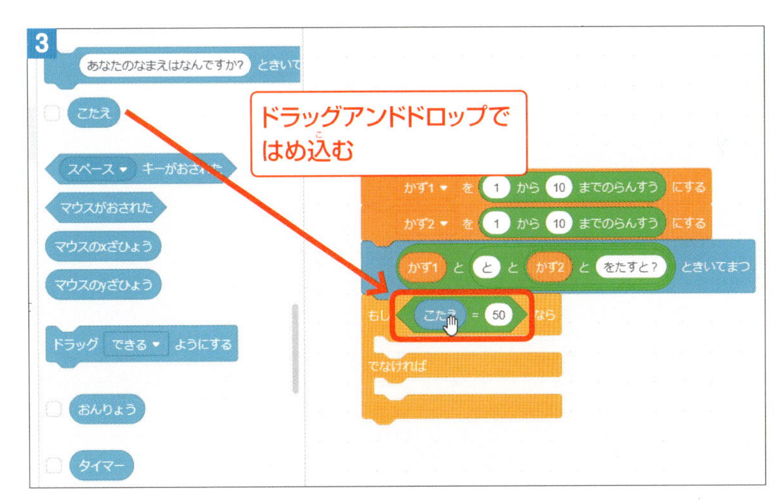

さて、では右側の空欄には何が入るかな？　プレイヤーが答えた数字が、実際の正解と等しいかどうかを調べたいので、ペンギン先生がその「正解」を計算する必要があるね。

そこで、右側の空欄には「えんざん」グループの ＋ ブロックをはめ込むよ。さらに、「へんすう」グループの かず1 と かず2 をはめ込めば、ペンギン先生が足し算を自動的にしてくれるようになるんだ。

これで、正解かどうかが判定できるようになった。

ブロックは、このひし形ブロックが正しい場合は、上にはさんであるブロックが使われ、正しくない場合は下にはさんであるブロックが使われるんだ（5）。

5

かず1 を 1 から 10 までのらんすう にする
かず2 を 1 から
答えがあっていた場合
かず1 と と と かず2 と をたすと？ ときいてまつ
もし こたえ = かず1 + かず2 なら
でなければ
答えがまちがっていた場合

そこで、正解だったらペンギン先生が「あたり！」と言い、まちがいだったら「はずれー」と言うようにプログラムを作ってみよう。「みため」グループの こんにちは! という ブロックを使うよ。

ブロックをそれぞれはめ込んで、セリフの内容を変えてみよう（6）。

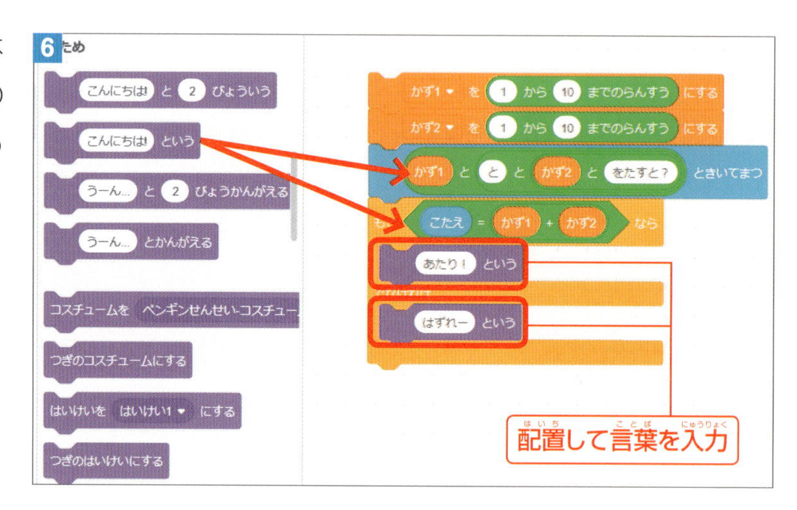

コスチュームを変更しよう

さらに、ペンギン先生の表情も変えてみよう。1章でやった、「コスチューム」の変更で作ることができるぞ。

まずは、上部の「コスチューム」タブをクリックしよう（1）。

「コスチュームをえらぶ→コスチュームをアップロード」ボタンをクリックして、「材料BOX」の「03 ペンギンせんせい」フォルダーから「ペンギンせんせい_せいかい.png」を読み込むよ（2）。

同じ作業を繰り返して、「ペンギンせんせい_はずれ.png」も読み込んでおこう（3）。

最初は、普通の表情にしたいので、一番上のコスチュームをクリックして戻しておこう（4）。これで準備は完了だ。

タブを「コード」に戻したら、「みため」グループの［コスチュームを ペンギンせんせい ▾ にする］ブロックを［こんにちは! という］ブロックの上にそれぞれはさんで、上にはさんだものは「ペンギンせんせい_せいかい」に、下にはさんだものは「ペンギンせんせい_はずれ」にしよう（5）。

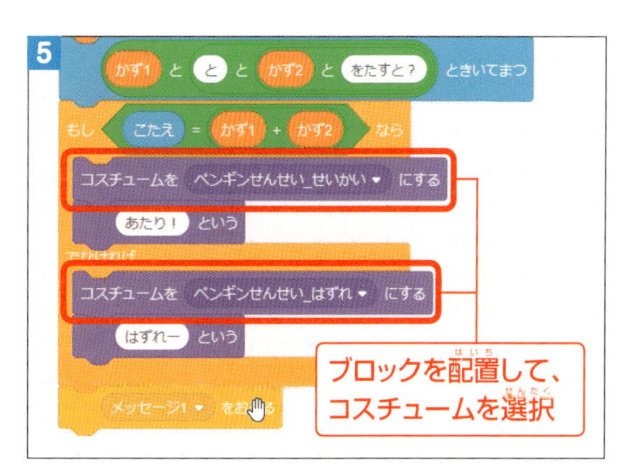

できあがったブロックをクリックしてゲームを遊んでみると、正解・不正解でセリフや表情が変わることを確認できるぞ。わざとまちがえたりしながら、動作を試してみよう。この時点では、一度表情が変わると最初の表情には戻らないよ。

もう一度遊べるようにしよう

これでゲームは完成。ただこのゲーム、一度遊ぶと終わってしまうので、もう一度遊ぶためには、一度ストップしてもう一度スタートしないといけない。これだと不便なので、ゲームが終わったら「もういちど」ボタンを表示するようにしよう。

まずは、ボタンをステージに設置しよう。「スプライトをえらぶ→スプライトをアップロード」ボタンをクリックして、「材料BOX」の「03 ペンギンせんせい」フォルダーから「もういちど.png」を読み込もう。ステージ上のコンピューターの画面に表示させたいので、1のように置いてみてね。

このボタンは、最初は隠しておきたいので「ひょうじする」を表示しないほうにしておこう（2）。

そして、1章で使った メッセージ1 ▾ をおくる ブロックを使って、ペンギン先生のスプライトとメッセージを送り合うよ。まずは、ペンギン先生のスプライトをクリックして（4）、ブロックの一番下に、「イベント」グループの メッセージ1 ▾ をおくる ブロックをくっつけよう（5）。

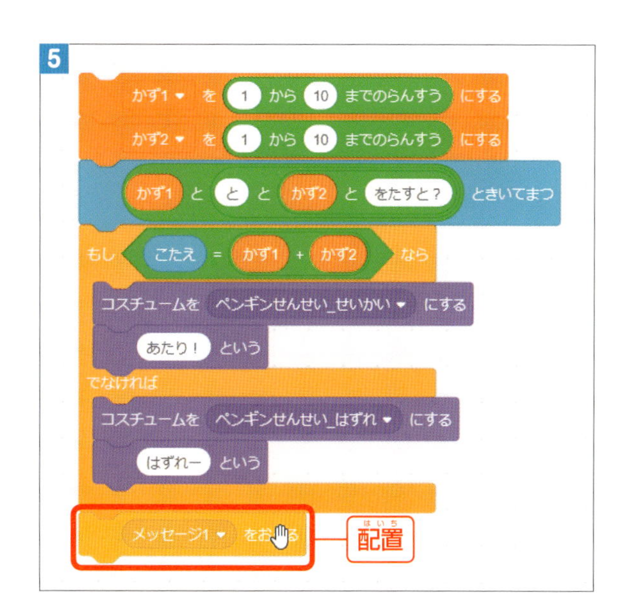

メッセージを送るブロックについては、54ページへ

右側の▼から「あたらしいメッセージ」をクリックし、「もういちど」と入力しよう（6）。

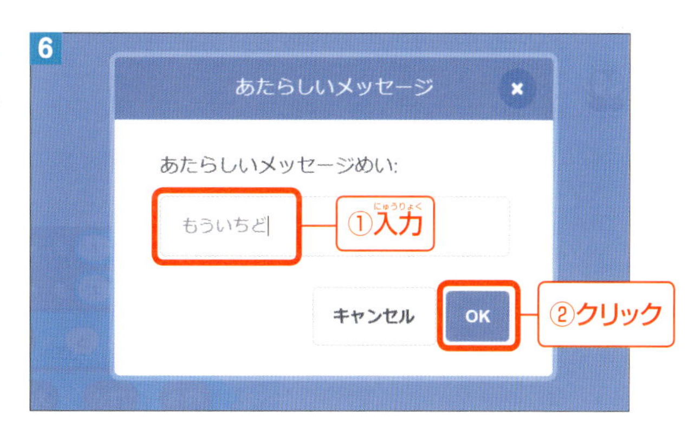

今度は、もう一度ボタンのスプライトをクリックして、同じ「イベント」グループの もういちど ▾ をうけとったとき をコードエリアに置く。選ばれていなければ「もういちど」を選ぼう。

このメッセージを受け取ったら、隠れていたボタンを表示したいので、「みため」グループにある ひょうじする ブロックをつなげよう。これで、ゲームが終わったら「もう一度」ボタンが表示されるようになった。

次に、このボタンをクリックしたらゲームをもう一度スタートするよ。先ほどのコードとは別の場所に、「イベント」グループの このスプライトがおされたとき をおいて、 もういちど をおくる ブロックをつなげよう。右側の▼から「あたらしいメッセージ」を選び、「スタート」としよう。

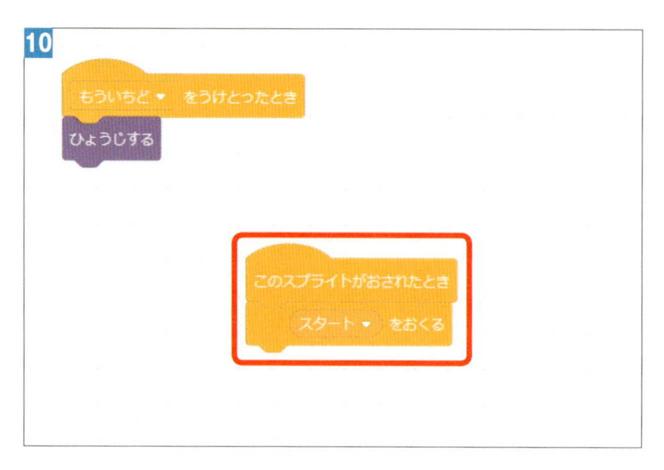

もう一度ボタンは、押されたらまた隠しておきたいので、 かくす もつないでおこう（11）。

今度は、またまたペンギン先生のスプライトをクリックして、先頭に「イベント」グループの もういちど をうけとったとき をつないで、メッセージを「スタート」にしよう。また、ペンギン先生の表情を最初は普通の顔にしておきたいので コスチュームを ペンギンせんせい にする をつないで、「ペンギンせんせい」に設定しておこう。

12

 旗のクリックで、最初の号令

さて、こうするとコード自体はうまく動くんだけど、のクリックでゲームを始めることができないね。

最初にゲームを始めるときは、がおされたとき から始まるね。

そこで、これをどこかにつなげたいんだけど、イベントのブロックはブロックの先頭に1個しか置くことができないよね。

だからといって、ペンギン先生のブロックを全部コピーしてしまうのも、ぐちゃぐちゃになってしまうね。

1

全部コピーした場合

※実際にはやらなくていい操作だよ

どうしたら、もっとスッキリしたコードが作れるか、分かるかな？　正解は、がクリックされたときに「スタート」のメッセージを送ればいいんだね。

「イベント」グループの がおされたとき に、もういちど をおくる ブロックをつないで、右側の▼から「スタート」を選ぼう（2）。

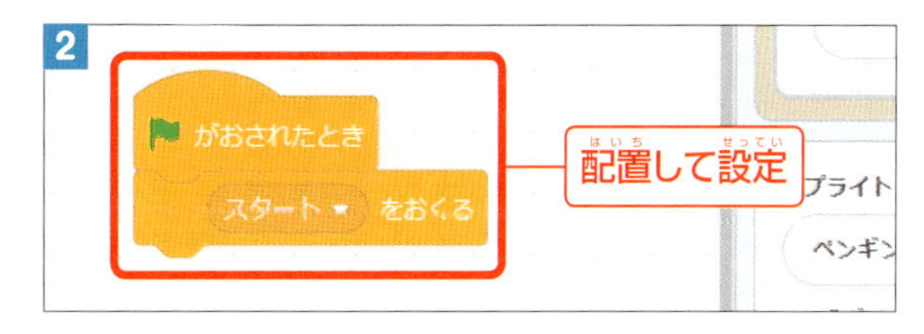

これで、をクリックしてゲームを始めることができるようになった！

ステージにもコードを置けるよ

さて、これでもゲームは完成なんだけど、最後に作ったコードがちょっとだけおかしいんだ。何がおかしいのだろう？

コードはスプライト、つまり役者1人1人に対して置くことができる。たとえば、ボタンというスプライトに「クリックされたら、“スタート”というメッセージを送ってね」とか、ペンギン先生に「スタートと言われたら準備してね」という具合に、そのスプライトの役割に合わせてコードを置くんだ。

でも、「 がクリックされたら、スタートと言ってね」というのはペンギン先生の役割ではないよね。ゲーム全体のことだ。

こんな場合は、スプライトにコードを置かずに「ステージ」に置くこともできるんだ。そこで、ペンギン先生からコードを移してみよう。まずはコードエリアでペンギン先生のコードをクリックしよう。

そしたら、 をクリックしたときのコードをステージの小さな画像に向かってドラッグしよう（2）。

元のコードも残ってしまうので、こちらは削除してOK（3）。

そしたら、ステージの小さな画像をクリックしてみよう（4）。背景用のコードエリアにブロックがコピーされているよ。

コードを組み立てる時は、「正しく動く」ことはもちろん大切なんだけど、その次は「キレイに作ること」が大切なんだ。無駄なコードはないか、おかしなコードはないか、置いている場所は正しいか。そんなことを考えて、整理をするクセをつけると、キレイなコードを組み立てることができるようになるよ。

仕上げに音楽を鳴らそう

最後に、あたりの時とはずれの時にちょっとした音楽を鳴らしてみよう。2章で使った「おんがく」グループのブロックを使って、ペンギン先生のコードに追加していくよ。ここでは、**1**の先生の音楽のようにしてもいいし、キミの自由な音を鳴らしてもいいよ。楽しいゲームに仕上げていこう！

「おんがく」のブロックグループを表示させるには69ページへ

1

```
スタート ▾ をうけとったとき
コスチュームを ペンギンせんせい ▾ にする
かず1 ▾ を (1) から (10) までのらんすう にする
かず2 ▾ を (1) から (10) までのらんすう にする
(かず1) と (と) と (かず2) と (をたすと？) ときいてまつ
もし <(こたえ) = ((かず1) + (かず2))> なら
  テンポを (100) にする
  がっきを (18) スチールドラム ▾ にする
  (72) のおんぷを (0.16) はくならす
  (72) のおんぷを (0.16) はくならす
  (76) のおんぷを (0.16) はくならす
  (79) のおんぷを (1) はくならす
  コスチュームを ペンギンせんせい_せいかい ▾ にする
  (あたり！) という
でなければ
  テンポを (100) にする
  がっきを (9) トロンボーン ▾ にする
  (48) のおんぷを (0.125) はくならす
  (0.125) はくやすむ
  (48) のおんぷを (0.5) はくならす
  コスチュームを ペンギンせんせい_はずれ ▾ にする
  (はずれー) という
もういちど ▾ をおくる
```

音楽は
余裕があったら
つけてみよう!

ステップアップ 仕上げの効果音について

最後に追加した音楽について、少し説明をしておこう。

まず、「あたり」のときに流れる音楽は、1のようになっている。「スチールドラム」の音で、高い「ドドミソ」を速く鳴らして、軽やかではずむような効果音にしたよ。「72」よりも高い音は、▼から選べないので、直接ボックスに入力しよう。

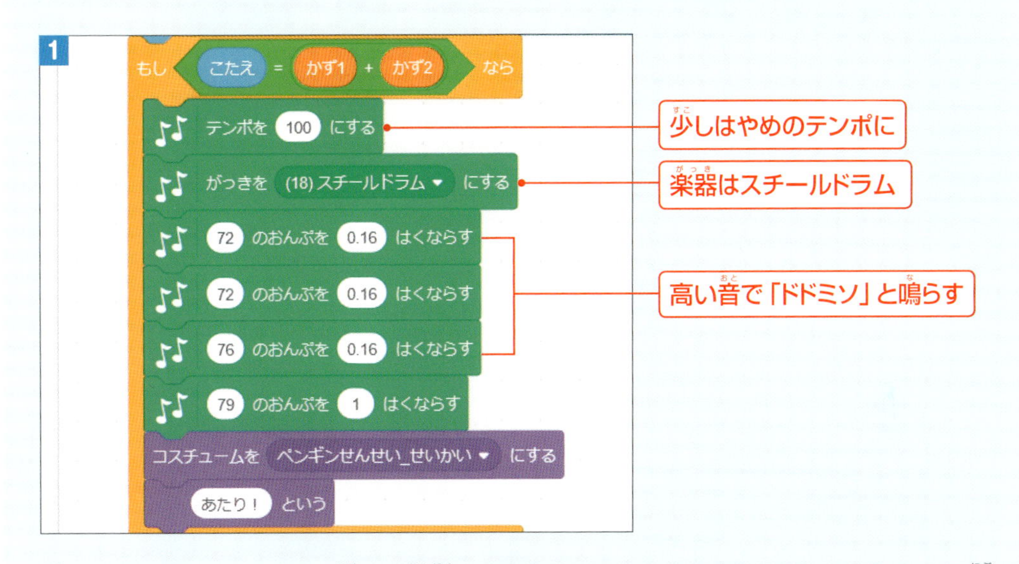

次に、「はずれー」のときに流れる音楽は、2のようになっている。「トロンボーン」の鈍い音を使って「ブッブー」のリズムを低い「ド」で鳴らしている。まちがえたときによく流れるタイプの効果音だね。

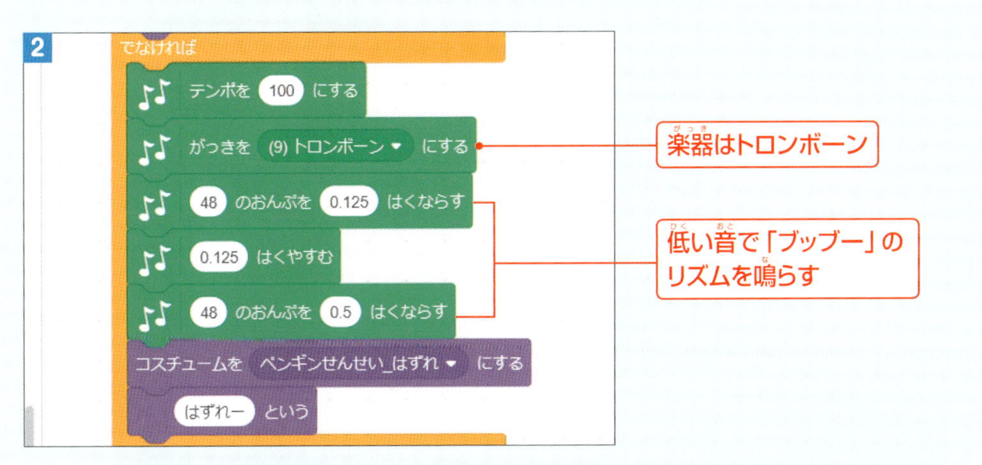

効果音を作るときには、どんな音にするとゲームの内容に合うか考えてみてね。普段聞いている効果音をよく聞いてまねしてみるのもいいよ。

ステップアップ 「演算子」について覚えよう

「もし」のブロックには、ひし形ブロックをはめることができるというのは紹介したね。「演算」ブロックにある、ひし形ブロックは次の種類がある。

1

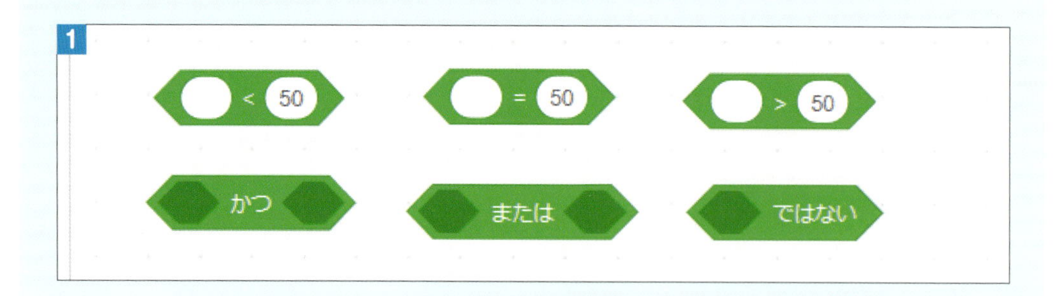

「>」や「<」という記号は、すでに算数の授業で習ったことがあるかもしれないけれど「不等号」という記号だね。コンピューターの用語では「演算子」というよ。

「x ＞ y」は、「xがyよりも大きい」で、「x ＜ y」は「xはyよりも小さい（未満）」だね。

算数の不等号には、この他に「≧」や「≦」もあるね。これは「以上」とか「以下」という意味で、「x ≧ y」とした場合、「xと等しいかまたは大きい」ことになって、これを「xはy以上」なんていうね。

スクラッチにはこの記号は用意されていない。では、スクラッチでこの「以上」を表すにはどうしたらよいかな？ 大切なポイントは、「または」ブロックを組み合わせることだよ。

以上というのは「等しいか“または”大きいか」のどちらかなので、〔 ＝ 50〕と〔 ＞ 50〕、そして〔 または 〕を組み合わせて**2**のようにするよ。

2

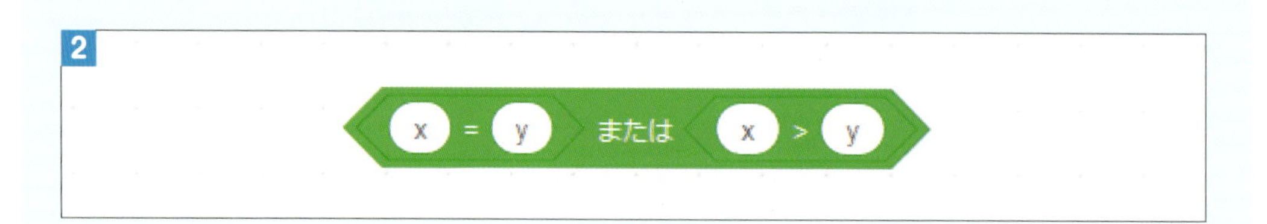

これで「以上」を表すことができるんだ。「もし」ブロックでこのような難しいことを判断する場合は「かつ」、「または」ブロックもうまく組み合わせて使おう。

ステップアップ デバッグ作業をしよう

ゲームの途中で「わざとまちえて動きを確認する」という作業をしたね。この作業をゲームの「デバッグ作業」というんだ。

「バグ」というのは、英語のBug（虫）という単語から来ていて、昔大きなコンピューターに虫が入り込んだために、うまく動かなくなってしまったことがあって、今でもコンピューターがうまく動作しないことを「バグ」と呼ぶようになったんだ。

スクラッチの場合、もちろん虫が入って動かなくなることはないけれど、プログラムをまちえてしまったり、かんちがいしているときなどにゲームが正しく動かなくなってしまうことがあるんだ。

154ページに、「スクラッチ、こんなところに気をつけよう」としていくつか紹介しているので、この本を全部読み終わって、自分でゲームを作る時の参考にしてね。

ステップアップ 作品のコピーを作るには

いったん作ったものを後から変えたり、上で説明したデバッグ作業を行う場合などに、今ある作品はそのまま残しておきたいと思うことがあるかもしれない。そういうときには、作品のコピーを作って、コピーのほうでいろんな変更をするようにすれば、前の作品も残せて便利だよ。

作品のコピーを作るには、左上のメニューから「ファイル→コピーをほぞん」を選ぶよ。これで作品のコピーができる。名前は自動で「(元の作品名) copy」となるから、後から見直すときもわかりやすいね。

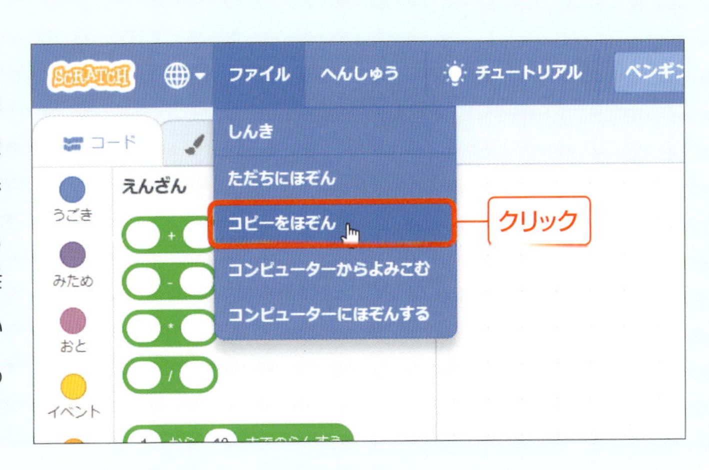

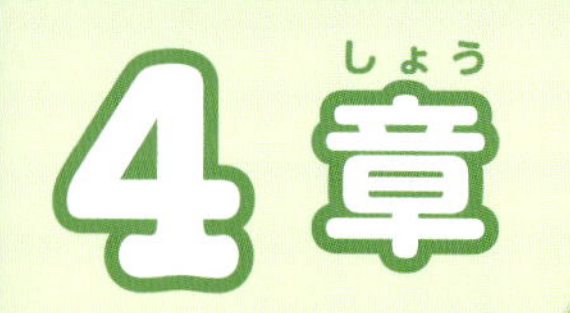

「ひつじヘルプ」カーソルキーで操作して敵をよけるゲームを作ろう

上にいるお母さんひつじが、下にいる子ひつじを助けに行くよ!

途中にいるわにに ぶつかったら終了。うまくかわそう!

この章で作るゲームの紹介

次は、もう少しゲームらしい作品を作ってみるよ。まずは、いつも通り先生の作品（1）で遊んでみよう。作品の見方は4ページを確認してね。

画面の上にいるお母さんひつじが、下の子ひつじと離ればなれになってしまったんだ。カーソルキー（矢印キー）でお母さんひつじを操作して、助けに行こう。しかし、画面上にはわにが忙しく泳ぎ回っているよ。ぶつかると渡れないので、うまくよけながら渡っていこう。

お母さんひつじをキーボードで動かそう

それではこの作品を順番に作っていくよ。まずはいつも通り、「つくる」ボタンか、作業中なら「ファイル→しんき」をクリックして新しいステージを作り、✖ボタンでスクラッチキャットを消しておこう（1）。

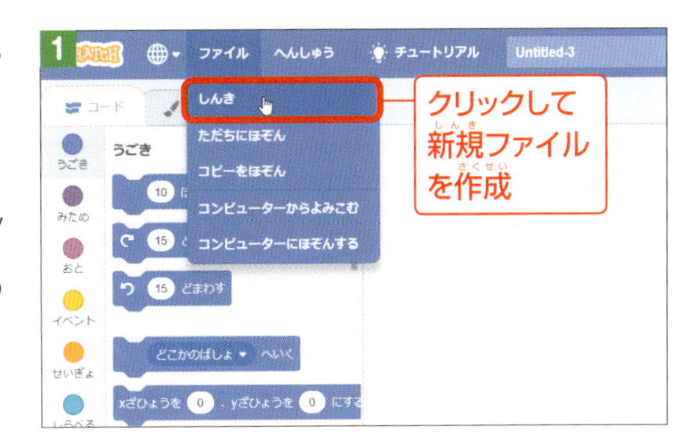

続いて、「スプライトをえらぶ→スプライトをアップロード」ボタンをクリックして、「材料BOX」の「04 ひつじヘルプ」フォルダーから「おかあさん.png」を読み込もう。画面の上の方に配置してね（2）。

それから「はいけいをえらぶ→はいけいをアップロード」ボタンで、「はいけい.png」を読み込んで、背景も変えておこう（3）。

このお母さんひつじを、キーボードで操作できるようにするよ。「おかあさん」をクリックして（4）、上部で「コード」タブに切り替えておいてね（5）。

「イベント」グループの スペース ▼ キーがおされたとき ブロックをコードエリアに配置して、▼から「みぎむきやじるし」を選ぼう。さらに、「うごき」グループの 10 ほうごかす をつなぐ。

これで、右向きに動かすコードができた。実際に、キーボードの右キーを押してみて。お母さんひつじが右に向かって動くかな？　もし動かなかった場合は、いったんステージの背景をクリックしてみると効くようになるよ。

向きを変えよう

さて、では次に左にも進むようにしてみよう。まずは、今作ったコードを右クリックして「ふくせい」を選び、置きたい場所でクリックして配置する。そしてキーの種類を「ひだりむきやじるし」にしよう（1）。

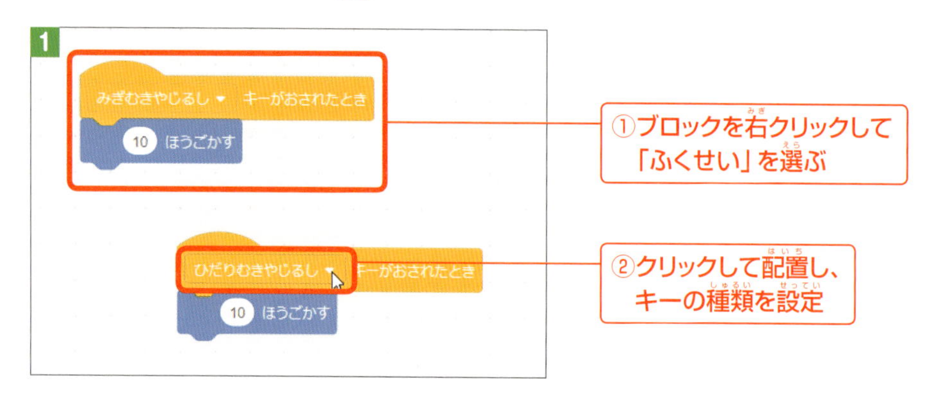

これで、左キーを押すと確かに動くんだけど、右の方に行ってしまうね。これは 10 ほうごかす ブロックの「動く」時の向きがポイント。

スクラッチのスプライトは、見た目がどうなっていても最初は必ず右を向いていることになっているんだ。それは、スプライトの設定エリアを見ると分かるよ。

今は「むき」の設定が「90」度になっている（2）。つまり、右を向いているんだね。そこで、この向きをブロックで「-90」度にすれば、反対に進むようになるよ。さっそくやってみよう。

2

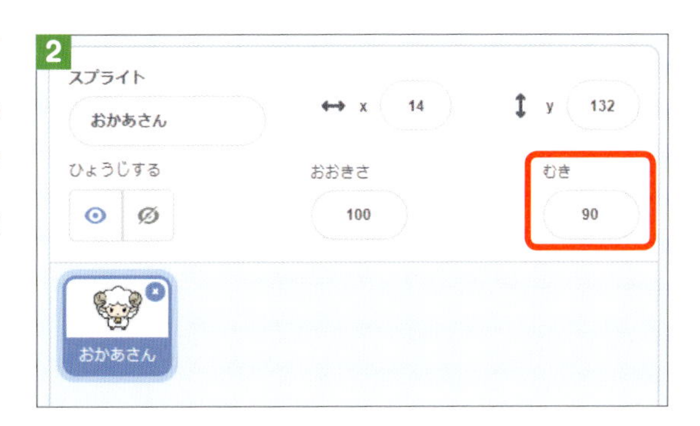

「うごき」グループの 90 どにむける を左に動かすブロックの間にはさんで、数字を「-90」にしてね（3）。

3

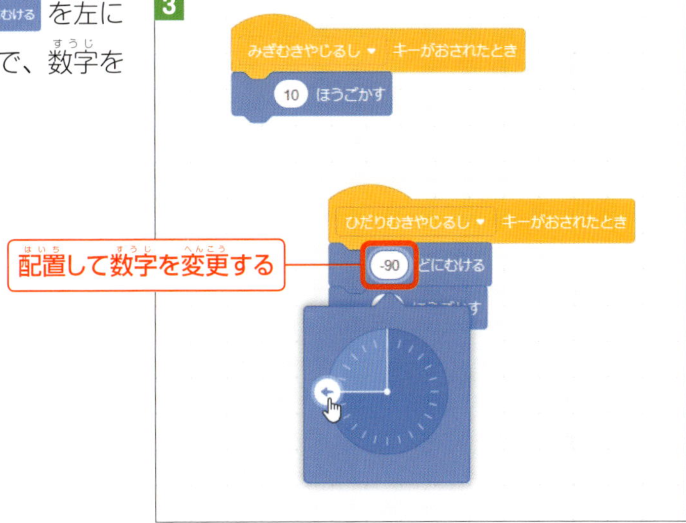

これで、左キーを押すときちんと左に動くようになった！　だけど、お母さんひつじがひっくり返ってしまったぞ（4）！

4

これは、スプライトが回転してしまうため。今回の場合は、回転も、左右反転もしなくて良いので、スプライトの設定エリアで「むき」をクリックするとでてくる画面（6）で ボタンをクリックして、動かないようにしよう。

これで、ひっくり返らずに移動できるようになったぞ。同じく、右に移動する方にも 90 どにむける をはさんでおこう（6）。

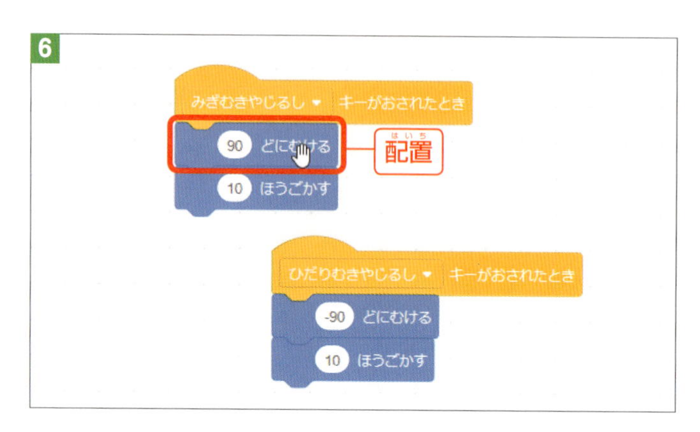

上下に動かそう

ここまで来たら、上下に動かすのは簡単だね。1のようになる。
ブロックの位置を少し整理したよ。

さて、お母さんひつじを上下左右に動かしてみると、上に移動するときに、今は後ずさりをしているね。これを、きちんと後ろを向いて移動するようにしてみよう。

お母さんひつじの「コスチューム」タブをクリックして、さらに「コスチュームをえらぶ→コスチュームをアップロード」をクリック。「材料BOX」の「04 ひつじヘルプ」フォルダーから「おかあさん_うしろ.png」をクリックしよう（2）。

「コード」タブをクリックして、上に移動するためのブロックに「みため」グループの コスチュームを おかあさん_うしろ ▾ にする ブロックをはさむよ。もし選ばれていなかったら、▼をクリックして、「おかあさん_うしろ」を選んでおこう（3）。

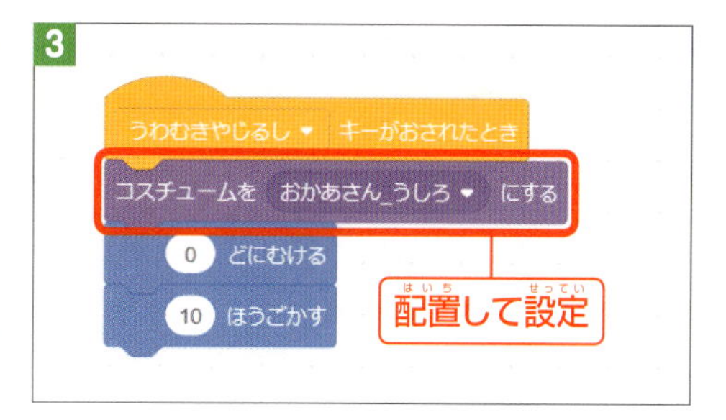

同じく、下に移動するためのブロックにも同じブロックをはさんで、▼から「おかあさん」に変えておこう（4）。

これで完成。動かすだけで楽しくなってくるね！

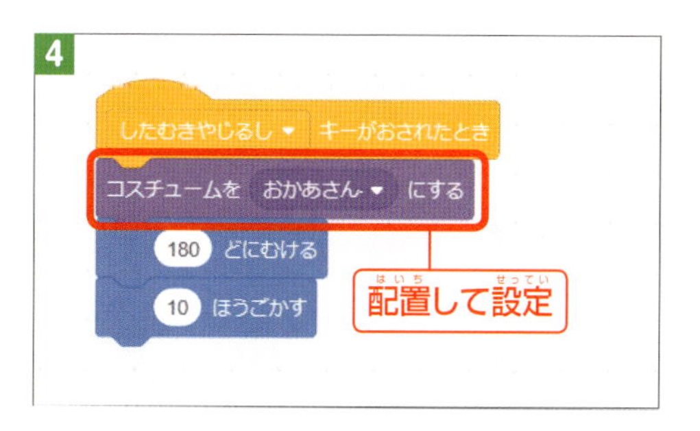

わにの動きを作ろう

続いては、お母さんひつじの行く手をジャマする、わにを作ろう。「スプライトをえらぶ→スプライトをアップロード」をクリックして、「材料BOX」の「04 ひつじヘルプ」フォルダーから「わに.png」を読み込もう。そして、位置も調整しておこう（1）。

「せいぎょ」グループの  ブロックをコードエリアに置いたら、そこに「うごき」グループの  をはめ込むよ（2）。

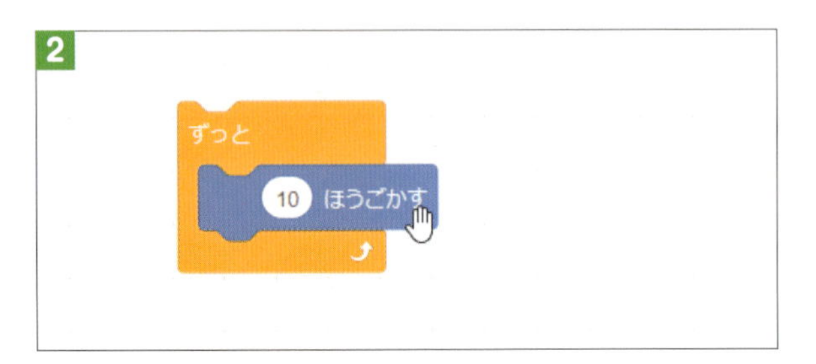

このままだと、わには右はじまで走ってどこかに行ってしまうので、続けて3のように もしはしについたら、はねかえる ブロックをつなごう。これで、画面の中を左右に行き来するようになるぞ。

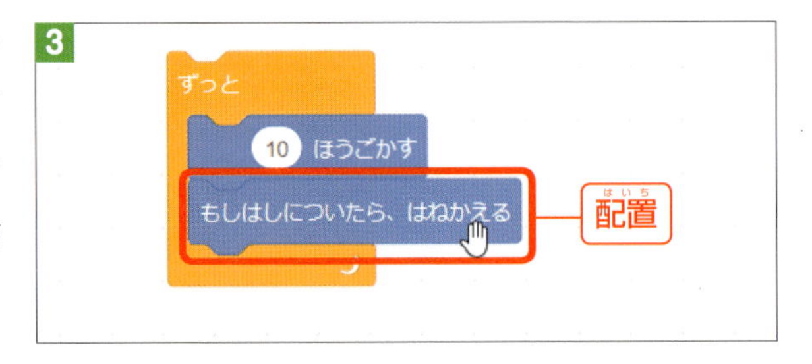

しかし、これではまたまたひっくり返ってしまうので、今度はわにのスプライトの設定エリアで、「むき」をクリックして、4の左右反転ボタン ▸◂ をクリックする。

後は、ブロックの先頭に「イベント」グループの がおされたとき ブロックをつなげばOK（5）。わにはせわしなく、川を行き来するようになるぞ。

「あたり判定」を作ろう

この動き回るわにに、お母さんひつじがぶつかってしまったらゲームオーバー（終了）だ。そこで、「ぶつかったかどうか」を判定しよう。これを、ゲーム制作の用語で「あたり判定」なんて呼ぶぞ。

わにのコードに、「せいぎょ」グループの もし なら ブロックをつなぐよ。

ひし形ブロックには「しらべる」グループの マウスのポインター ▾ にふれた をはめ込もう。▼をクリックして「おかあさん」を選ぶよ（1）。

これで、わにはお母さんひつじと触れたときに、なにか動作をすることができるようになるんだ。

わにに当たったら、お母さんひつじが「あいたっ」と言ってスタート地点に戻るようにしたい。こんな時は、1章で紹介した「メッセージを送る」を使おう。「イベント」グループの メッセージ1 ▾ をおくる をはめ込んで、▼をクリックして「あたらしいメッセージ」を選び、「しょうとつ」と入力しよう（2）。

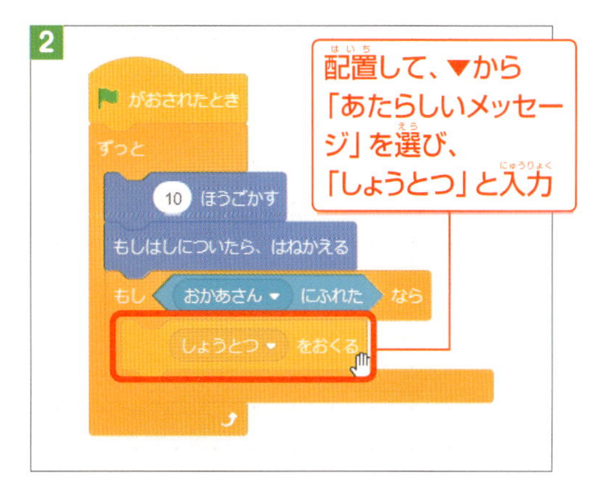

また、しょうとつしたら、わにはその場で立ち止まるようにしよう。「せいぎょ」グループの すべてをとめる▼ をつないで、▼をクリックして「このスクリプトをとめる」を選ぼう（3）。これでわにの動きが止まるよ。

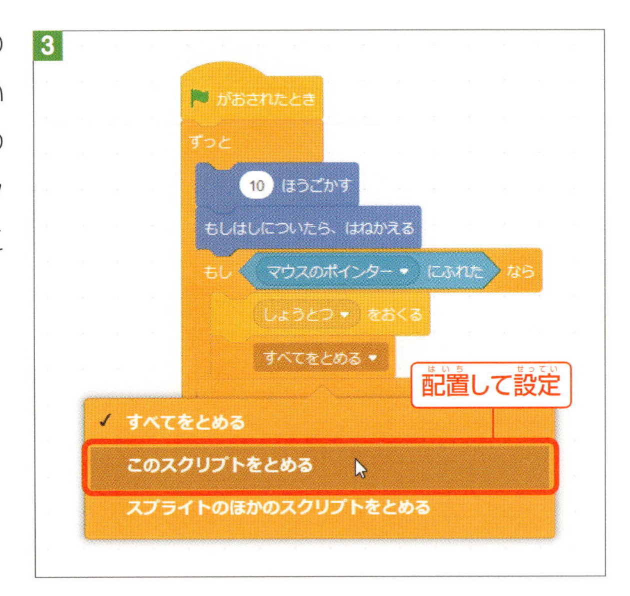

続いて、メッセージを受け取ったお母さんひつじのコードを作るよ。お母さんひつじをクリック（4）したら、空いている場所に「イベント」グループの しょうとつ▼ をうけとったとき ブロックを置こう。「しょうとつ」が選ばれていなかったら、▼をクリックして選ぼう（5）。

その下に「みため」グループの こんにちは! という ブロックをつないだら、テキストボックスには「あいたっ」と入力しよう（6 7）。

ステップアップ なぜ、わにのスプライトであたり判定をするの？

あたり判定のコードをわにのスプライトに作ったけれど、実は同じことをお母さんひつじのスプライトでもできる。1のように、本文で作ったコードと同様のコードを作って、「わにに触れたとき」というイベントにすれば良いだけだね。

1

```
がおされたとき
ずっと
  もし わに▼ にふれた なら
    あいたっ と 2 びょういう
```

実は、今の時点ではどちらに作っても正解なんだ。ただ、完成したゲームを見てもらうと分かるとおり、この後わには3匹に増える。その時、お母さんひつじのスプライトに「あたり判定」が書かれていると、その分だけコードを増やさないといけなくなってしまうんだ。すると、コードがごちゃごちゃになってしまうね（2）。

2

```
がおされたとき
ずっと
  もし わに▼ にふれた なら
    あいたっ と 2 びょういう

がおされたとき
ずっと
  もし わに2▼ にふれた なら
    あいたっ と 2 びょういう

がおされたとき
ずっと
  もし わに3▼ にふれた なら
    あいたっ と 2 びょういう
```

わにのスプライトにコードを置いておけば、各スプライトが1つずつコードを持つので、すっきりと整理することができるし、スプライトをコピーすれば、コードも合わせてコピーされるので便利だよ。

コードを置く場所に迷ったときは、そんな風に考えていこう。

スタート・リセットの動きを作ろう

ゲームオーバーになった後、ステージ上ではお母さんひつじやわにが動き回ってごちゃごちゃになってしまっているね。そこで、これをリセットするコードを組み立てよう。

先ほどのお母さんひつじのスクリプトに、またまた「イベント」グループの しょうとつ▼ をおくる をくっつけて、▼をクリックして「あたらしいメッセージ」を選び、「リセット」と入力する（1）。

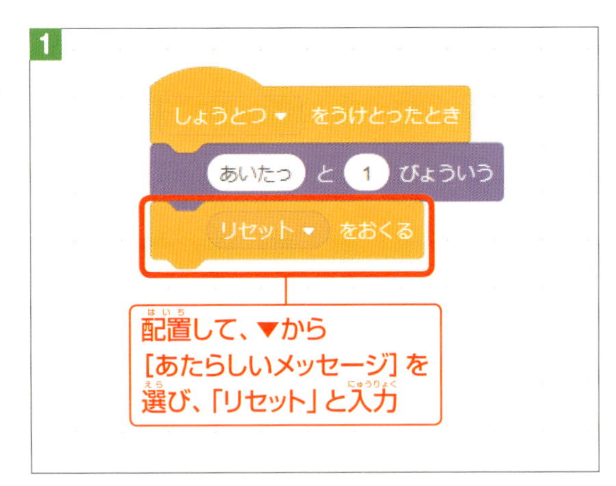

そして、同じコードエリアの空いている場所に「イベント」グループの しょうとつ▼ をうけとったとき ブロックを配置しよう。▼をクリックして選ぶメッセージは「リセット」だね（2）。

「うごき」グループの xざひょうを 0 、yざひょうを 0 にする ブロックと、「みため」グループの コスチュームを おかあさん_うしろ▼ にする をつないで、3のように設定しよう。これで、スタート地点に戻るよ。

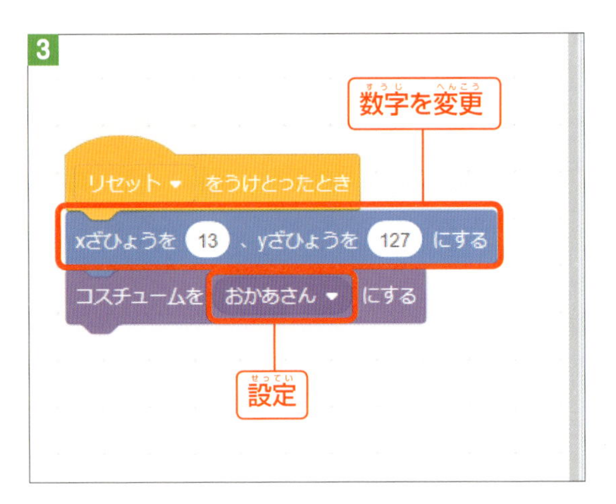

さらにわにをクリックして（4）、コードの先頭の［がおされたとき］ブロックを外して、［しょうとつ▼ をうけとったとき］のイベントをくっつけておこう。▼からは「リセット」を選ぶよ（5）。

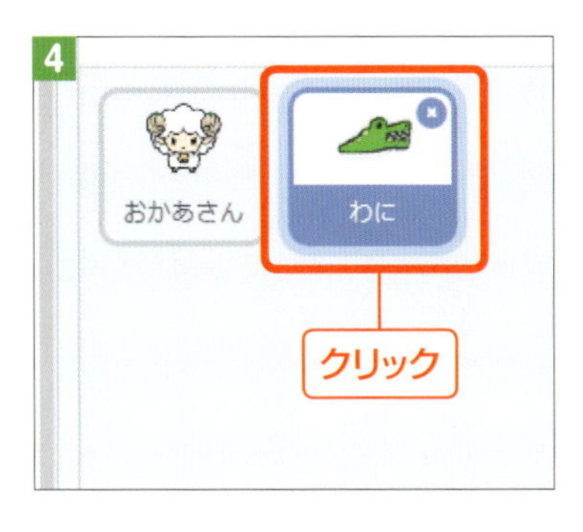

そして、3章でやったようにステージ全体のイベントとして、「リセット」を送るようにするよ。まずは、画面右の「ステージ」の小さい画像をクリックして（6）「イベント」グループの［がおされたとき］を置く（7）。

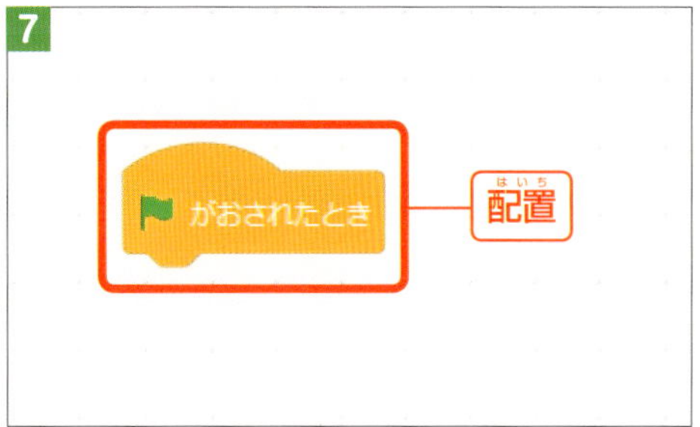

それにつなげて、［しょうとつ▼ をおくる］ブロックをつないで、▼から「リセット」を選ぶよ（8）。これで、ゲームスタート時とゲームオーバー時に、ステージをリセットすることができるようになった！

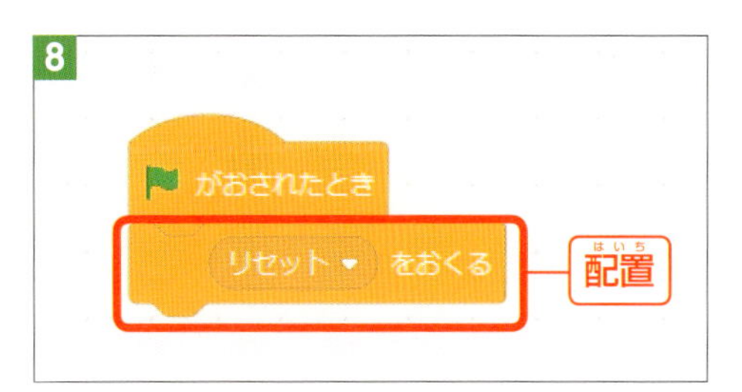

子ひつじを助けよう

次は、助ける子ひつじを作っていこう。まずは、スプライトをえらぶ→スプライトをアップロードをクリックして、「材料BOX」の「04 ひつじヘルプ」フォルダーから「こひつじ.png」を読み込むよ。画面の下の方に置こう（1）。

こひつじのコードを組み立てていこう。「イベント」グループの しょうとつ▾ をうけとったとき を置いて、▼から「リセット」を選んだら、「せいぎょ」グループの

ブロックに、

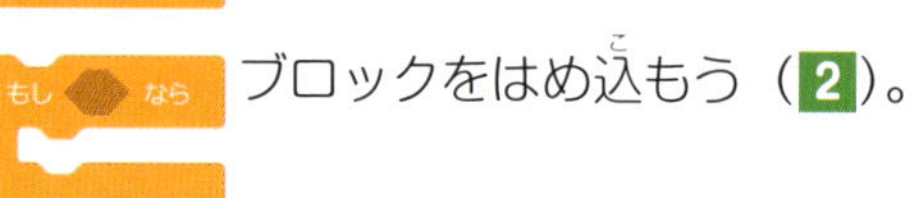

ブロックをはめ込もう（2）。

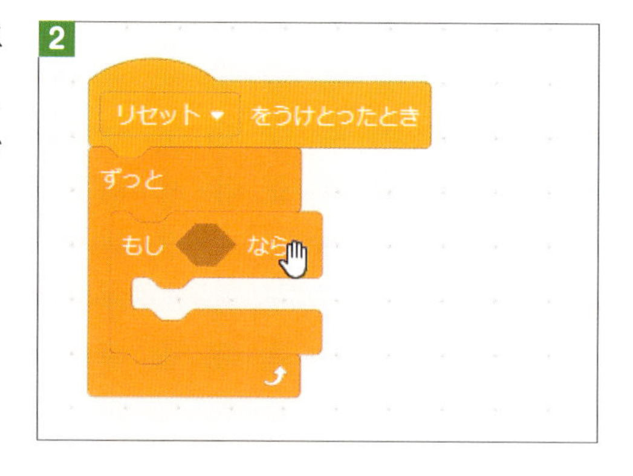

ひし形ブロックには「しらべる」グループの マウスのポインター▾ にふれた をはめ込む。もちろん、▼から選ぶのは「おかあさん」だね（3）。

3
リセット▾ をうけとったとき
ずっと
もし おかあさん▾ にふれた なら

お母さんひつじに触れたら、子ひつじが「やったー」と叫ぶようにしよう。「みため」グループの［こんにちは! と 2 びょういう］ブロックをはさんで、「やったー」と入力するよ。そして「イベント」グループの［しょうとつ ▾ をおくる］をつないで「リセット」を選ぶ（**4**）。どれも、ここまでに出てきたブロックだね。

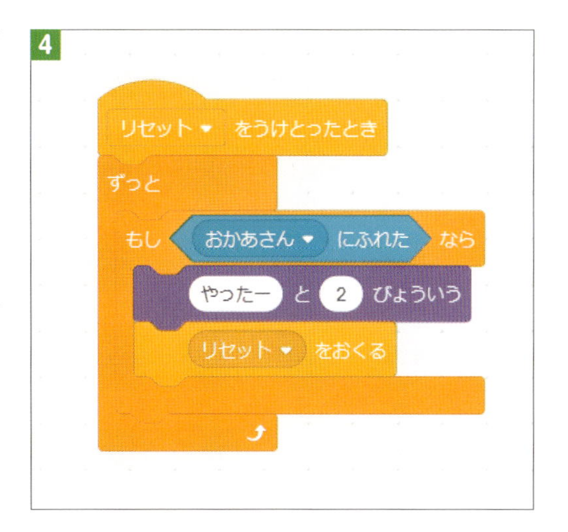

うまく、わにをよけて子ひつじまでたどり着くと、子ひつじを助けることができるよ。

さらに、「おんがく」グループの各ブロックを組み合わせて、効果音を作ったりすると、より楽しめるね（**5**）！
おんがくグループがない場合は、かくちょうきのう（69ページを見てね）から追加しよう。

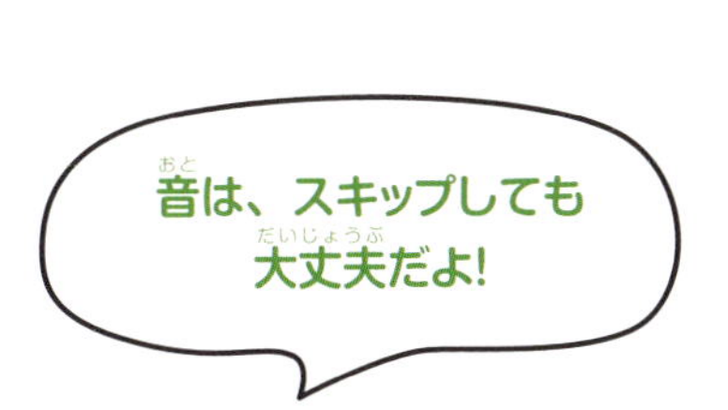

わにを増やそう

一匹だけではゲームが簡単すぎるので、もう何匹かに邪魔してもらおう。同じような操作をするときは、「ふくせい」を使うと便利だぞ。

ステージ上のわにを右クリックして「ふくせい」を選ぼう（1）。すると、同じスプライトがステージ上に増える。このスプライトには、すでにコードがあるので、そのまま使えるというわけ。

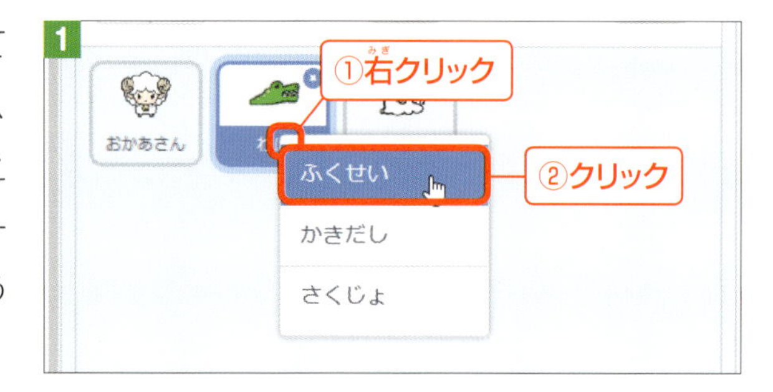

場所を少し変えて、2のようにしてみよう。みんながまったく同じ動きでも面白くないので、コードは1匹目とは少し変えてみるよ。

まず、2匹目のわには動きを少し早くしてみる。2匹目のスプライトをクリックして（3）、「10 ほうごかす」の数字を「15」に変えてみよう（4）。これで、早く動くようになった。

同じく複製をして3匹目を作り、好きな場所に置いてみよう。今度は「たまに立ち止まる」という動きにしてみよう。「たまに」というのは、3章で使った「乱数」というのを使って作るよ。

ずっと ブロックの先頭に「せいぎょ」グループの もし なら ブロックをはめ込んで、ひし形ブロックには「えんざん」グループの (= 50) ブロックをはめ込む（5）。

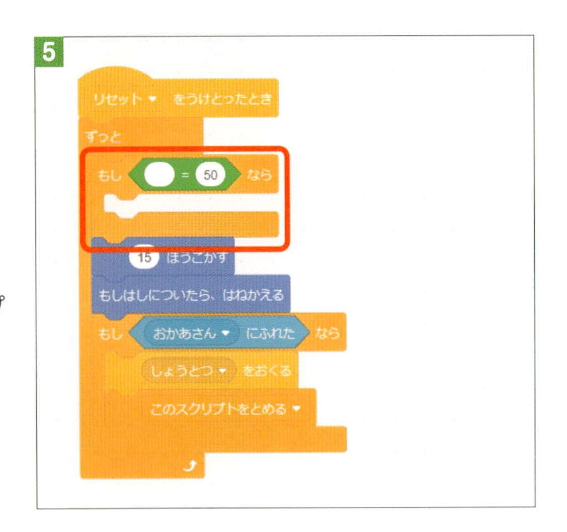

同じ「えんざん」グループにある (1 から 10 までのらんすう) を左側にはめ込んで、「1」から「20」までの乱数にしておこう。右側は、数字の「1」とするよ（6）。

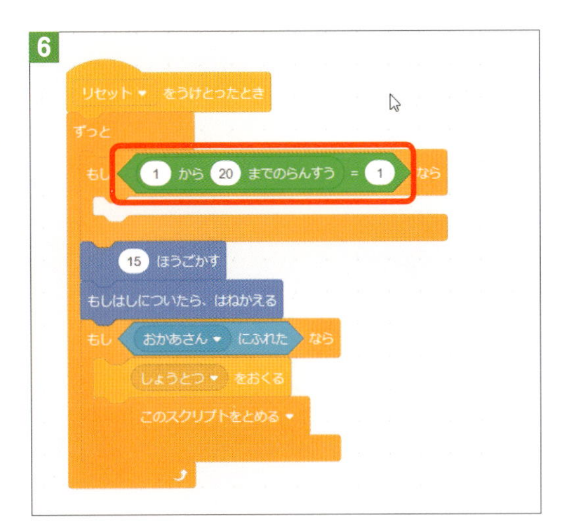

そしたら、中に「せいぎょ」グループの 1 びょうまつ ブロックをはめ込もう（7）。これで、たまに（20分の1の確率だね）で、立ち止まる（1秒待つ）わにができあがりだ。

これでゲームの完成！　わにの動きや数などで、ゲームの難易度を変えることができるので、いろいろな動きを作って友だちと遊んでみてね！

「うちゅうでシューティング」

弾を発射して、敵を倒すゲームを作ろう

だんだんゲームらしいゲームを作っていくよ。今度は、宇宙船を操作して、弾で隕石をやっつけるシューティングゲームを作ってみよう。いつも通り、4ページを見て、まずは先生の作品で遊んでみてね（1）。

宇宙船は上下左右の矢印キーで動かせるよ。右から隕石がやってくるから、「スペース」キーを押して、弾を発射してやっつけよう。

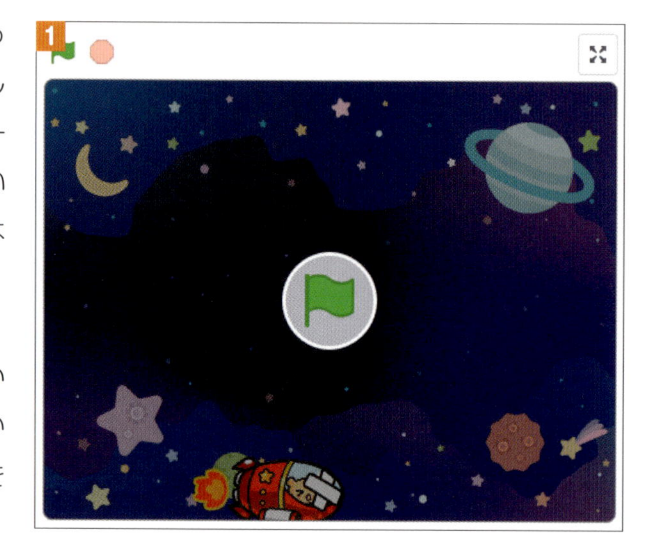

宇宙船を作ろう

「ファイル→しんき」をクリックして新しいファイルを作ったら（1）、スクラッチキャットを削除して真っ白なステージにしよう。
続いて、「はいけいをえらぶ→はいけいをアップロード」をクリックして、「材料BOX」の「05 うちゅうでシューティング」フォルダーから「はいけい.png」を読み込もう（2）。

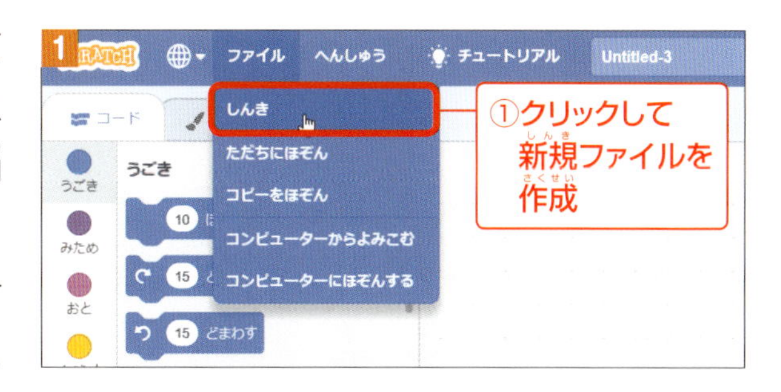

スクラッチキャットの削除は
41ページへ

さらに「スプライトをえらぶ→スプライトをアップロード」をクリックして、同じく「材料BOX」の「05 うちゅうでシューティング」フォルダーから「うちゅうせん.png」を読み込むよ。画面の左はじの方に置いておこう（3）。

ステージに最初の号令を置いておこう（最初の号令についてくわしくは99ページを見てね）。ステージ右下にある「ステージ」の小さい画像をクリック（4）すると、ステージのコードエリアが現れる。ここに、「イベント」グループから がおされたとき を置いて、その下に メッセージ1▼ をおくる をつなぐ。▼から「あたらしいメッセージ」を選んで「スタート」と入力するよ（5）。

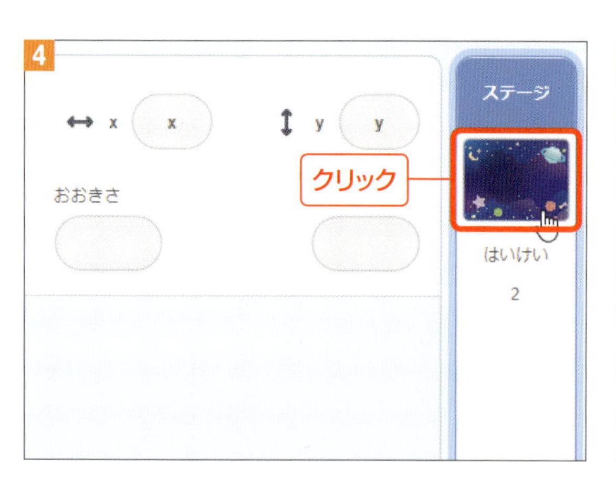

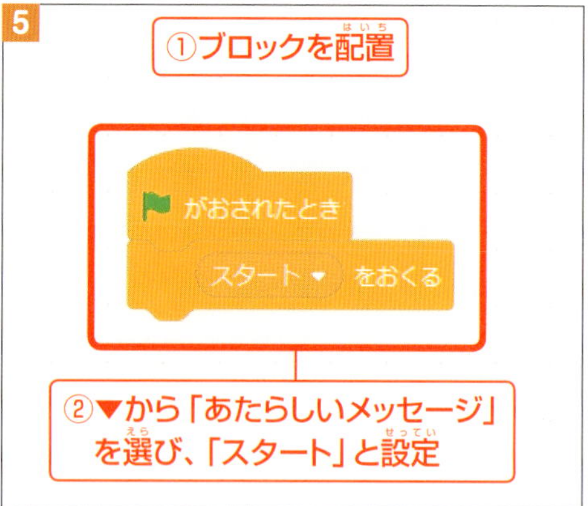

宇宙船を操作しよう

前のゲームと同じように、今回もキーボードの入力で操作できるようにしよう。この宇宙船も、回転しなくて良いので、スプライトの設定パネルで「むき」をクリックした後にでてくる画面（1）で ボタンをクリックして回転しないようにしよう。

そして、各矢印キーのイベントに合わせて、動きを作っていくよ（2）。このプログラムがよく分からなかったら、4章の「ひつじヘルプ」にまずは挑戦してみてね！

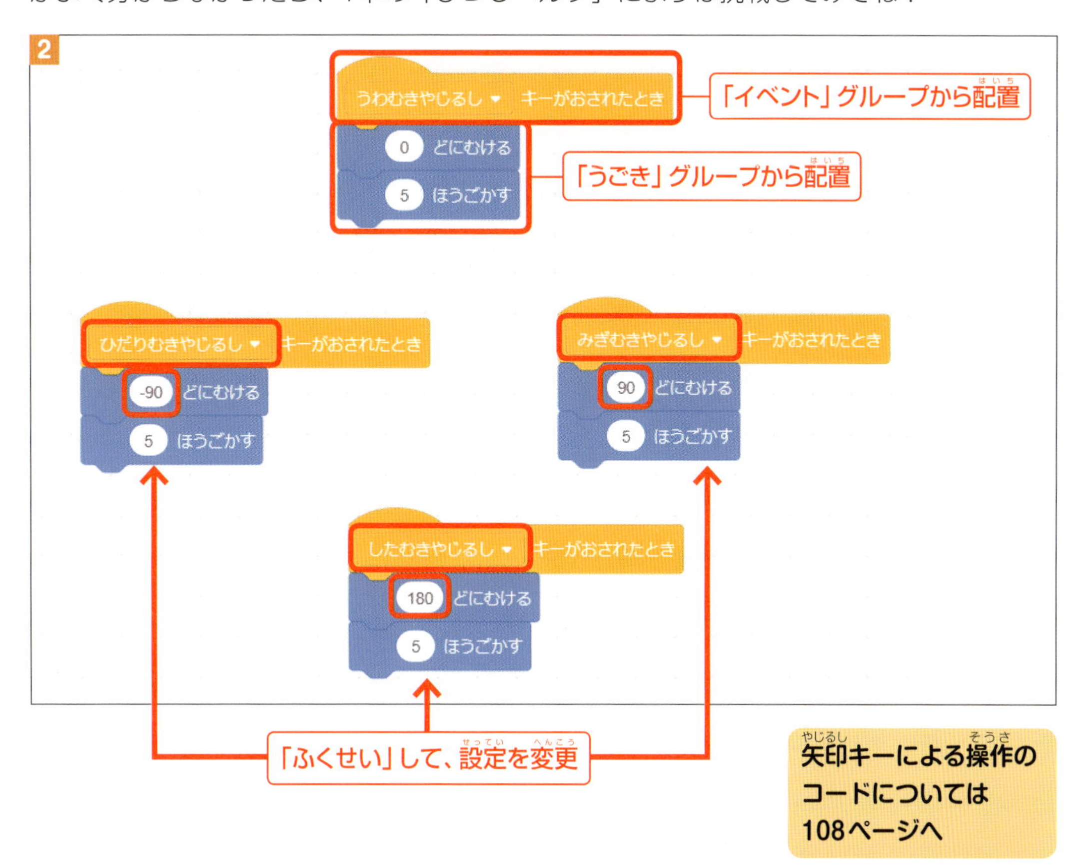

矢印キーによる操作のコードについては108ページへ

隕石の動きを作ろう

続いて、敵となる「隕石」の動きを作ろう。「材料BOX」の「05 うちゅうでシューティング」から「いんせき.png」を読み込んで、ステージの右の方にドラッグアンドドロップで移動しておくよ（1）。

宇宙船の方を向かせるために、スプライトの設定エリアで隕石の「むき」をクリックして2のように「左右反転」▶◀を選んで角度を「-90」度に設定しよう。

そしたら、この隕石を動かしてみるよ。「せいぎょ」グループの ずっと ブロックを置いて、「うごき」グループの 10 ほうごかす ブロックを中に入れれば、直進するね。ここでは、「2」と入力して2歩ずつ直進するようにしたよ（3）。

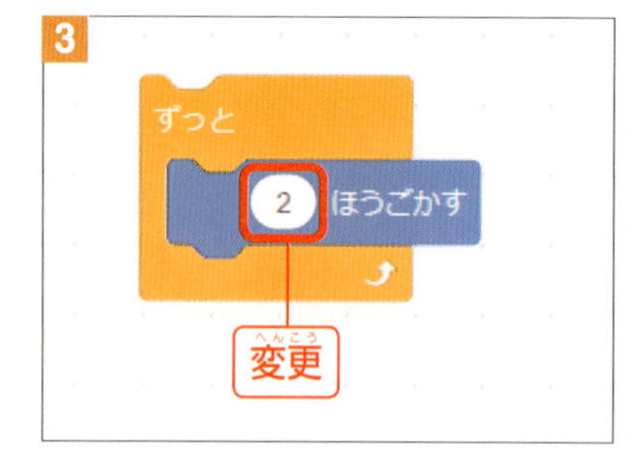

まっすぐだと、ゲームとしてつまらないので上下に揺らしてみよう。

スプライトのy座標を、大きくしたり小さくしたりして上下に動かすことで、揺れているように見える。ここでは上下に動かすために、「うごき」グループの yざひょうを 10 ずつかえる を使うよ。そして、ゆらゆらと動かすには3章で紹介した「乱数」を使う。「えんざん」グループの 1 から 10 までのらんすう ブロックをつなげて、「-1」から「1」までに設定しよう（4）。

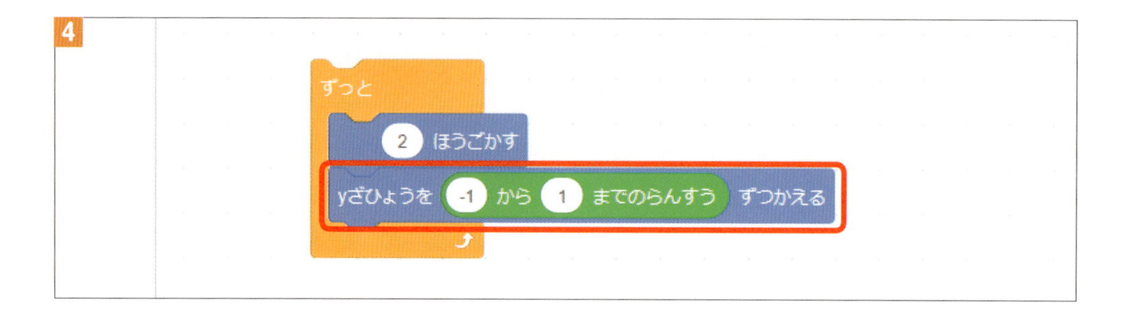

すると、隕石は前に進みながら上や下にランダムに移動するので、ゆらゆら揺れたように見えるというわけ。実際に、今作ったブロックをクリックして動かしてみよう。

クローンで隕石を増やそう

さて、今回のゲームは敵となる隕石が次々に登場する。前のゲームまでは、スプライトを「ふくせい」して増やしていたけれど、今回は数を決めずに登場させたいので複製で作ることはできないんだ。

こんな時は「クローン」というしくみを使うよ。クローンとは自分のコピーを作るための機能で、今回のように何個も同じものを作りたいときに使うことができるよ。クローンを作るブロックは用意されているので、これを使うよ。

隕石のコードエリアの何もないところに、「イベント」グループの スタート ▾ をうけとったとき ブロックを置き、「せいぎょ」グループの じぶんじしん ▾ のクローンをつくる ブロックをつなごう（1）。

これで、画面上部の をクリックすると、隕石がもう一匹増えるぞ。重なってしまって見えないので、マウスでずらしてみよう（2）。

また、前のページで作った、隕石が動くコードの先頭に クローンされたとき ブロックをつないで（3）、ブロックをクリックすると、クローンされた隕石が動き出すようになるぞ。

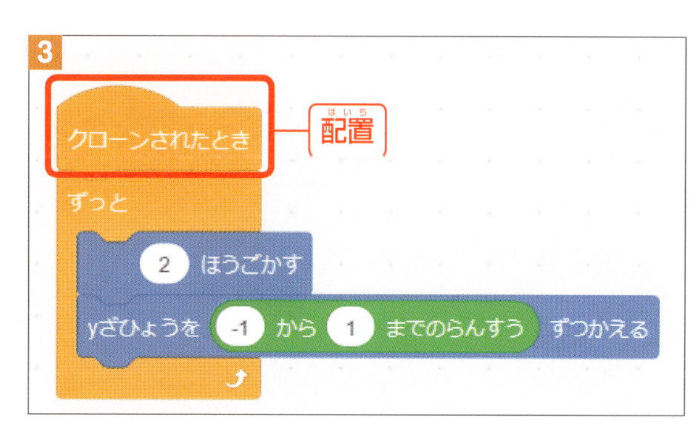

ただ、この時最初の隕石は、クローンではないので動かないままなんだ（4）。

そのため、この最初の隕石を隠しちゃおう。「みため」グループの かくす を スタート▼ をうけとったとき の下にはさむぞ。そして、クローンされた方は反対に、クローンされたとき の下に ひょうじする をはさもう（5）。これでクローンの動きが完成だ。

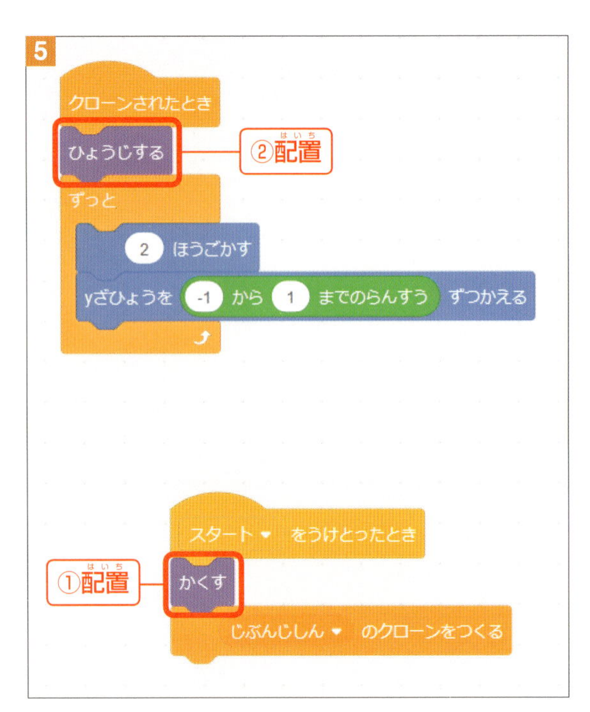

ステップアップ 隕石が見えなくなってしまったら

コードを動かしていると、隕石がステージ上から消えて見えなくなってしまうことがある。そんな時は、スプライトの設定エリアで、「ひょうじする」の左側の ◉ をクリックしよう。

どんどん増やそう

この調子で、どんどん隕石のクローンを増やしていこう。
じぶんじしん▼ のクローンをつくる ブロックを、「せいぎょ」グループの ずっと ブロックではさむと、どんどんできあがる。さすがにこれでは敵が多すぎるので、クローンができるスピードを落とそう。
まず 1 びょうまつ をはさもう（1）。

1

スタート▼ をうけとったとき
かくす
ずっと
じぶんじしん▼ のクローンをつくる
1 びょうまつ
配置

ここもゲームらしさを出すために、「えんざん」グループの 1 から 10 までのらんすう ブロックを 1 びょうまつ の空欄にはめ込んで、クローンを作るタイミングをばらばらにしてみよう。ここでは、数字を「1」から「10」に設定するよ（2）。

さらに、登場する場所もばらばらにしよう。 クローンされたとき のブロックの方で、3のように「うごき」グループの yざひょうを 0 にする ブロックと、「えんざん」グループの 1 から 10 までのらんすう ブロックを使って、登場場所をランダムにするよ。ここでは「-180」から「180」と数字を入力した。「-180」から「180」という数字は、このステージの縦の大きさだよ。

3

クローンされたとき
ひょうじする
yざひょうを -180 から 180 までのらんすう にする
ずっと
2 ほうごかす
yざひょうを -1 から 1 までのらんすう ずつかえる
ブロックを2つ組み合わせて配置し、数を設定

弾を発射しよう

続いては、宇宙船の攻撃だ。「スペース」キーを押したときに、弾を発射するようにするよ。まずは、「スプライトをえらぶ→スプライトをアップロード」ボタンをクリックして、「材料BOX」の「05 うちゅうせんシューティング」フォルダーから「たま.png」を読み込もう。
宇宙船の右横あたりに移動しておくよ。

この弾は、[スペース] キーを押したときに吐くようにするので、宇宙船のコードとして作るよ。宇宙船のスプライトをクリックして（2）、コードエリアの何もないところに スペース▼ キーがおされたとき ブロックを置いて、▼から「スペース」を選ぶ（3）。

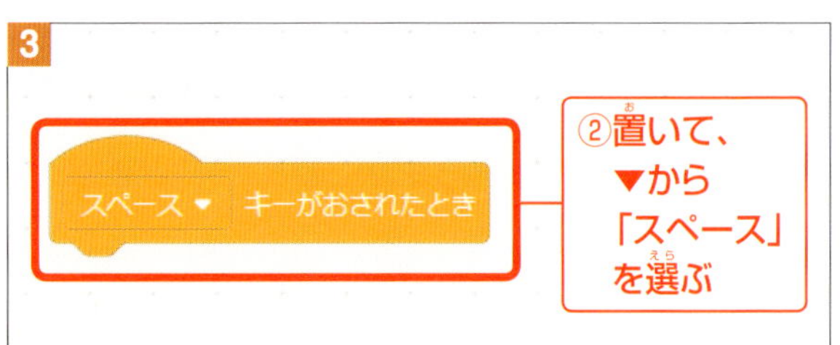

スタート▼ をおくる をつないで、▼から「あたらしいメッセージ」を選んで「はっしゃ」と入力するよ（4）。

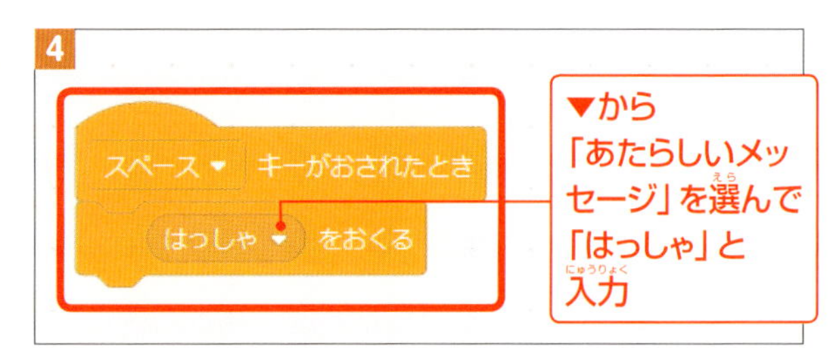

続いて弾のコードを作っていくよ。弾をクリックしてコードエリアを表示しよう（5）。弾は、宇宙船と同じようにクローンを使って動かすので、まずは［はっしゃ▼ をうけとったとき］を配置して▼から「スタート」に設定して、［かくす］をつなぐ（6）。もう1つ［はっしゃ▼ をうけとったとき］を配置して▼から「はっしゃ」に設定し、「せいぎょ」グループから［じぶんじしん▼ のクローンをつくる］ブロックをつなぐよ（7）。そうしないと、最初から弾を吐いた状態になっちゃうからね。

そして、空いているエリアに［クローンされたとき］ブロックを置き、［ひょうじする］と［ずっと］ブロックで囲んだ［10 ほうごかす］をつないで、「2」歩にしておく（8）。

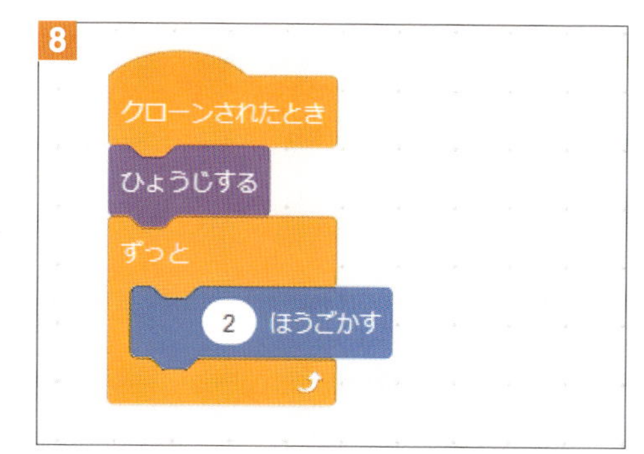

これで、弾は隕石に向かって動くけれど、宇宙船を動かしても、弾の発射の位置が変わらないね。これはちょっとおかしい。そのためには、発射されたときの宇宙船の位置を弾に知らせなければならないね。こんな時は、2章や3章で使った「変数」を使っていくよ。

変数を使って、宇宙船の位置を知らせよう

まずは、「へんすう」グループの［へんすうをつくる］ボタンをクリックして、「うちゅうせんのX」と「うちゅうせんのY」という変数を作ろう（1）。作る時は、宇宙船と弾の両方のスプライトで変数を使うので、「すべてのスプライト」を選んでおくよ。変数はステージの左上に表示されるようになるよ。

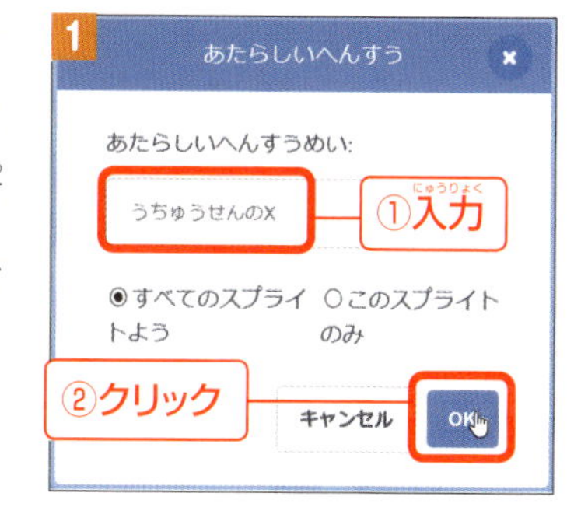

そして、宇宙船のコードを開いて（2）、［スペース▼ キーがおされたとき］ブロックに［うちゅうせんのX▼ を 0 にする］ブロックを2つつなぐ。それぞれ、「うちゅうせんのX」「うちゅうせんのY」にセットしたら、「うごき」グループにある［xざひょう］と［yざひょう］をはめ込もう。これで、変数で宇宙船の位置を覚えておくことができた（3）。

2

3

スペース▼ キーがおされたとき
うちゅうせんのX▼ を xざひょう にする
うちゅうせんのY▼ を yざひょう にする
はっしゃ▼ をおくる
②配置して設定

続いて、「たま」のスプライトをクリックして、［クローンされたとき］に「うごき」グループの［xざひょうを 0 、yざひょうを 0 にする］をつないで、「へんすう」グループから今作った変数をはめ込んで位置を調整するよ（4）。ただし、どちらもそのままだと5のように、宇宙船の後ろから弾が出てしまって不自然。

4

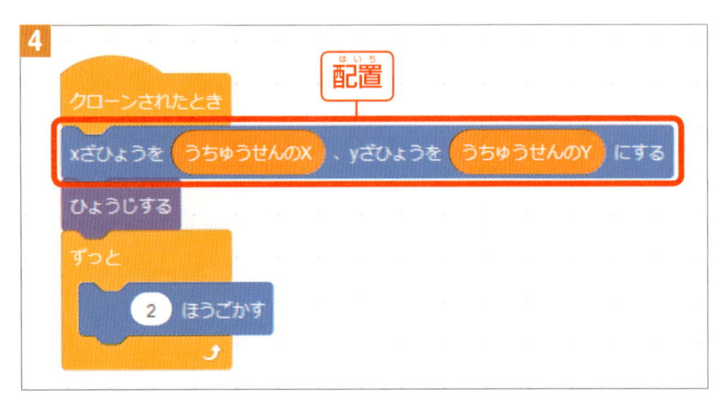

5

そこで、「えんざん」グループの［ ＋ ］ブロックを使って、数字を足したものをはめ込もう（6）。これで、ちょうど端のあたりから出るように見えるぞ。

6

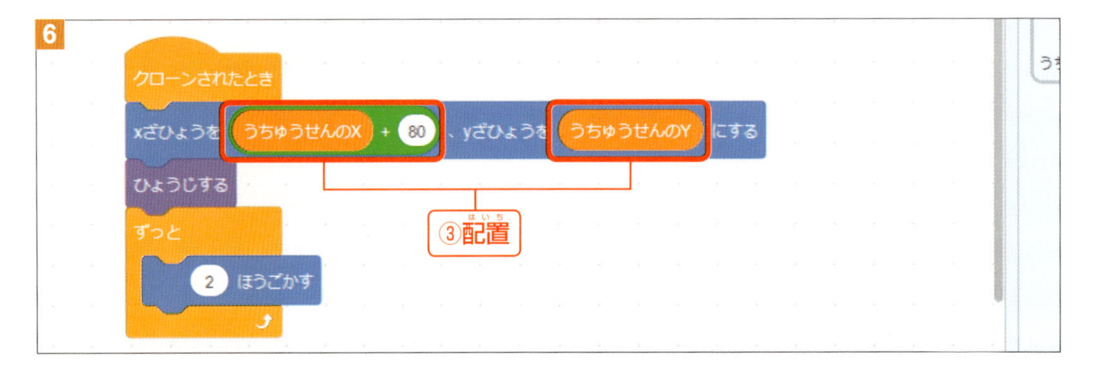

これで、「スペース」キーを押すたびに、きれいに弾が発射されるようになった！

宇宙船のコスチュームを変えよう

弾を吐くときに、宇宙船のコスチュームを変えてみよう。宇宙船のスプライトをクリックしたら（1）、画面左上部の「コスチューム」タブをクリックして、「コスチュームをえらぶ→コスチュームをアップロード」ボタンをクリックしよう。

「材料BOX」の「05 うちゅうせんシューティング」フォルダーに「うちゅうせん_はっしゃ.png」ファイルがあるので、読み込むよ（2）。

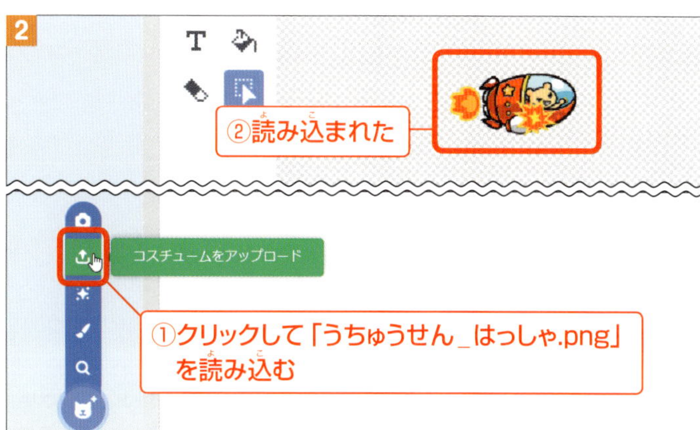

「うちゅうせん」のコスチュームの方をクリックして戻しておいてね（3）。続いて、「コード」タブをクリックして画面を戻し、「スペース」キーが押されたときの方のコードに「みため」グループの コスチュームを うちゅうせん_はっしゃ ▾ にする をつなごう。そして、「せいぎょ」グループの 1 びょうまつ ブロックをつないで「0.5」秒にしたら、コスチュームを「うちゅうせん」に戻すブロックをつなぐよ（4）。

これで、弾を発射したときの迫力がでたね！

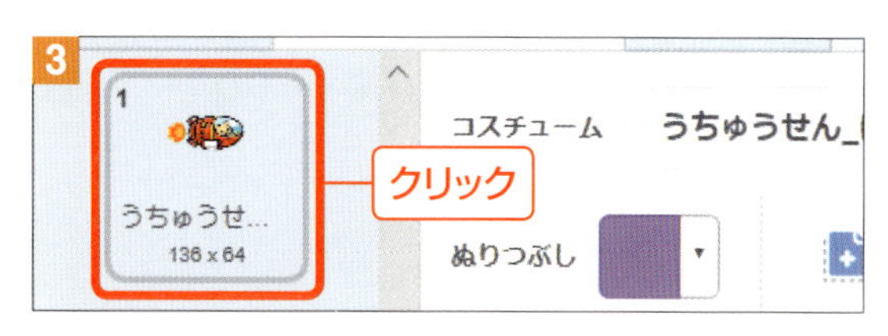

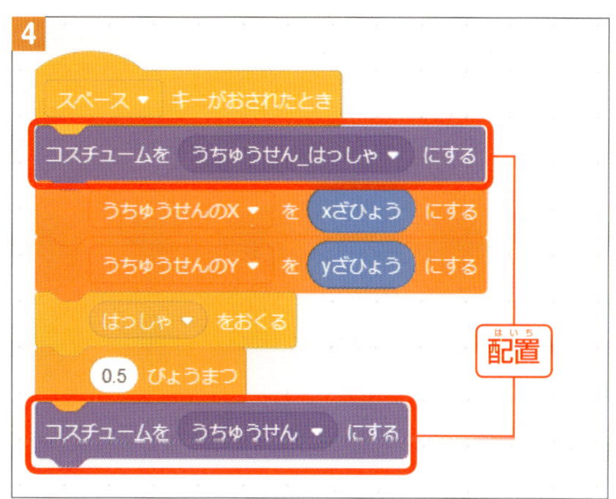

注意

［スペース］キーは押しっぱなしにしないように気をつけてね。弾が出過ぎてゲームがとまってしまうことがあるよ。

あたり判定を作ってゲーム完成！

最後に、前のゲームでもやった「あたり判定」を作ってゲームの完成だ。まずは、弾が、宇宙船にあたったときの動きを作ろう。

隕石のコードを開いて（1）、

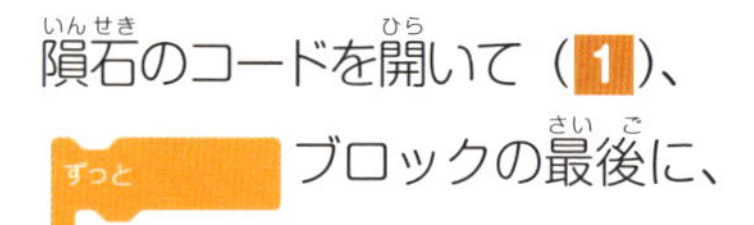

ブロックの最後に、「せいぎょ」グループの

ブロックをはさんで、ひし形ブロックには前のゲームでも使った マウスのポインター ▾ にふれた をはめ込もう。▼から「たま」を選んで（2）、たまにあたったときのブロックをはめ込んでいくよ。

2

クローンされたとき
ひょうじする
yざひょうを -180 から 180 までのらんすう にする
ずっと
2 ほうごかす
yざひょうを -1 から 1 までのらんすう ずつかえる
もし たま ▾ にふれた なら
②配置

弾にあたった隕石は、「せいぎょ」グループの このクローンをさくじょする で消していこう。単に消えるだけでは面白くないので、「みため」グループの コスチュームを いんせき ▾ にする を使って爆発させて、「せいぎょ」グループの 1 びょうまつ で少し待ってから消えるようにしよう（3）。

3

クローンされたとき
ひょうじする
yざひょうを -180 から 180 までのらんすう にする
ずっと
2 ほうごかす
yざひょうを -1 から 1 までのらんすう ずつかえる
もし たま ▾ にふれた なら
コスチュームを いんせき ▾ にする
1 びょうまつ
このクローンをさくじょする

「材料BOX」の「05 うちゅうでシューティング」フォルダーに「いんせき_ばくはつ.png」画像が入っているので、「コスチューム」タブから「コスチュームをえらぶ→コスチュームをアップロード」ボタンで読み込もう（4）。読み込んだら、「いんせき」のコスチュームをクリックして、「コード」タブをクリックして戻っておこう（5）。

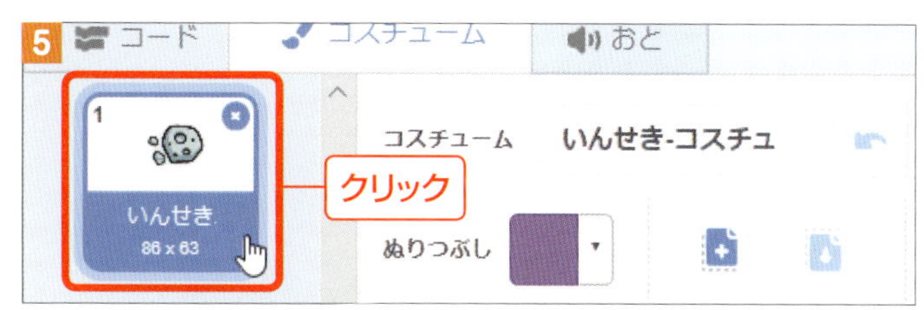

［コスチュームを いんせき ▾ にする］の▼から「いんせき_ばくはつ」を選び、6のようにするよ。

6
yざひょうを -1 から 1 までのらんすう ずつかえる
もし たま ▾ にふれた なら
コスチュームを いんせき_ばくはつ ▾ にする
1 びょうまつ
このクローンをさくじょする

弾が隕石にあたった時、あたった弾も消さないといけないので、「イベント」グループの［メッセージ1 ▾ をおくる］ブロックで、メッセージを送るよ。▼をクリックして「あたらしいメッセージ」を選び、ここでは「ヒット」というメッセージにしよう（7）。

7
yざひょうを -1 から 1 までのらんすう ずつかえる
もし たま ▾ にふれた なら
コスチュームを いんせき_ばくはつ ▾ にする
ヒット ▾ をおくる
1 びょうまつ
このクローンをさくじょする
配置して、▼から「あたらしいメッセージ」を選び、「ヒット」と設定

弾のスプライトをクリックして（8）、何もないエリアに、「ヒットを受け取ったとき」というブロック（ はっしゃ ▾ をうけとったとき を置いて「ヒット」を選ぶ）に、「せいぎょ」グループの このクローンをさくじょする ブロックをつないでおこう（9）。これで、弾があたったときのコードが完成だ。

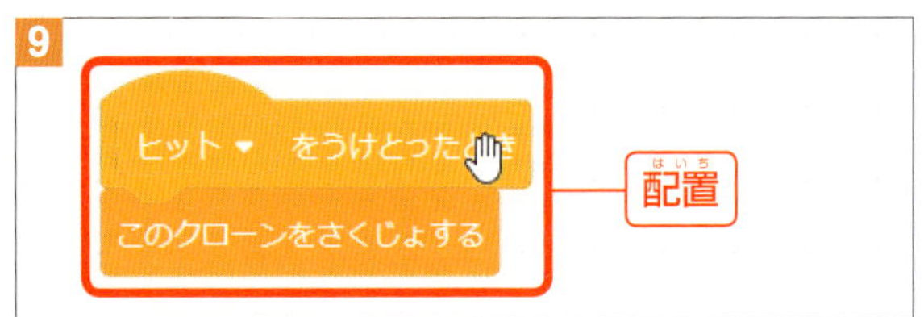

隕石にあたったときのコード

続いて、宇宙船が、隕石にあたったときのコードを作っていこう。隕石のコードを開いて（1）、最後に、 もし ◆ なら ブロックを配置し、「しらべる」グループの マウスのポインター ▾ にふれた をはめ込んで「うちゅうせん」に設定する（2）。

2

```
クローンされたとき
ひょうじする
yざひょうを -180 から 180 までのらんすう にする
ずっと
    2 ほうごかす
    yざひょうを -1 から 1 までのらんすう ずつかえる
    もし たま ▾ にふれた なら
        コスチュームを いんせき_ばくはつ ▾ にする
        ヒット ▾ をおくる
        1 びょうまつ
        このクローンをさくじょする
    もし うちゅうせん ▾ にふれた なら
```

配置

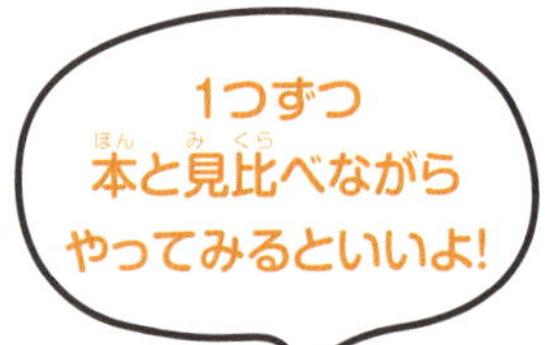

宇宙船の動きを作るために［ヒット▼ をおくる］ブロックをはめて、▼から「あたらしいメッセージ」を選んで「しょうとつ」というメッセージを作る。そして、隕石の動きを止めるために「せいぎょ」グループの［すべてをとめる▼］をつないでおこう。▼から「このスクリプトをとめる」を選ぶと、隕石の動きだけが止まるよ（3）。

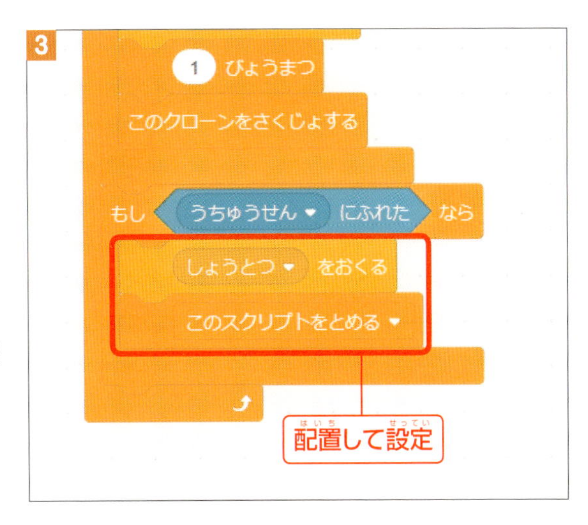

続いて、「材料BOX」の「05 うちゅうでシューティング」フォルダーに「うちゅうせん_しょうとつ.png」が準備されているので、宇宙船のコスチュームとして読み込もう。そして、「コード」タブを開いて、何もないエリアに「しょうとつを受け取ったとき」ブロック（［はっしゃ▼ をうけとったとき］を置いて「しょうとつ」を選ぶ）につなげて、コスチュームを「うちゅうせん_しょうとつ」にしよう。これまで何度か作っている点めつのコードをつないで、最後に「せいぎょ」グループの［すべてをとめる▼］ブロックをつないだら完成だ（4）。

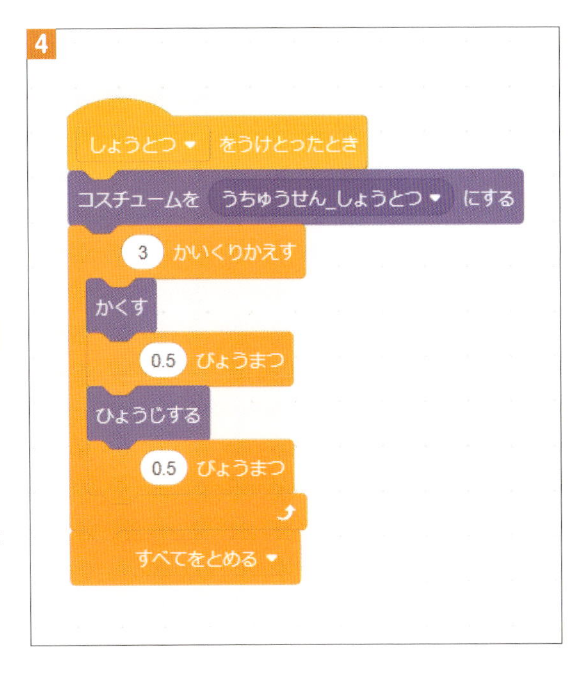

宇宙船の見た目を元に戻せるように、何もないところに［スタート▼ をうけとったとき］を置き「スタート」を選んで、コスチュームを戻すブロックをつなげておこう（5）。

5

スタート▼ をうけとったとき
コスチュームを うちゅうせん▼ にする

これでゲームのできあがり。同時に出現する隕石の数を増やしたり、スピードを変えたり、同時に出せる弾の数を制限したりなどなど、ゲームの難易度や面白さを変えられる部分がたくさんあるので、ぜひチャレンジしてみてね。

ステップアップ 敵を変えてみよう

このゲーム、実は「材料BOX」に「ロケット.png」と「ロケット_ばくはつ.png」という2つの画像が入っているよ。このロケットも宇宙船の敵だから、やっつけちゃおう（1）。どんなコードになるか、ぜひチャレンジしてみて。

ロケットを増やす場合、まずはこれを「スプライト」として増やすか、コスチュームとして増やすかがポイントだね。
もし、動きなどが変わるようならスプライトとして作った方が良いけれど、動きが隕石と同じなら「コスチューム」として増やした方が、コードが再利用できるからいいね。隕石のコスチュームで、それぞれの画像を読み込んでおくよ（2）。

2

「いんせき」のコスチュームとして読み込む

コードは3のようになるね。最初に、「乱数」を使って隕石のコスチュームか、ロケットのコスチュームかを判断させせよう。

そしてポイントが、弾に触れた後の動きだね。元のコードは、3のように「いんせき_ばくはつ」になっていたね。しかし、このままだとロケットなのに、弾に当たったとたんに隕石になってしまう。

もし ◆ なら / でなければ ブロックを使って、どちらのコスチュームかを判断することもできるけど、実はもっと簡単なブロックがあるんだ。 つぎのコスチュームにする だよ。これは、今使っているコスチュームの1つ下のコスチュームに変わるんだ（4）。

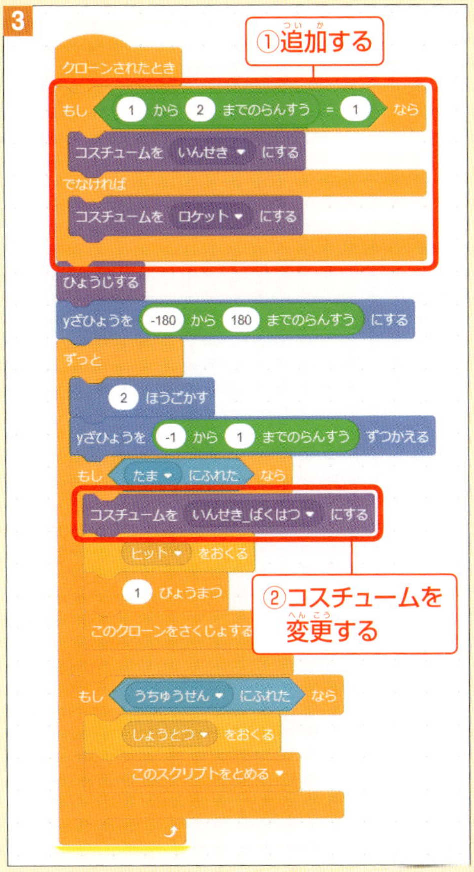

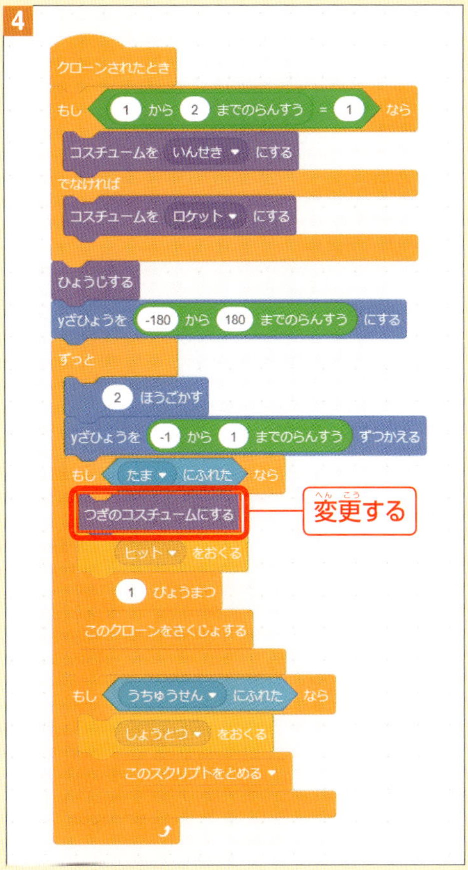

3

```
クローンされたとき
もし (1 から 2 までのらんすう) = 1 なら
  コスチュームを いんせき にする
でなければ
  コスチュームを ロケット にする
ひょうじする
yざひょうを -180 から 180 までのらんすう にする
ずっと
  2 ほうごかす
  yざひょうを -1 から 1 までのらんすう ずつかえる
  もし たま にふれた なら
    コスチュームを いんせき_ばくはつ にする
    ヒット をおくる
    1 びょうまつ
    このクローンをさくじょする
  もし うちゅうせん にふれた なら
    しょうとつ をおくる
    このスクリプトをとめる
```

①追加する

②コスチュームを変更する

4

```
クローンされたとき
もし (1 から 2 までのらんすう) = 1 なら
  コスチュームを いんせき にする
でなければ
  コスチュームを ロケット にする
ひょうじする
yざひょうを -180 から 180 までのらんすう にする
ずっと
  2 ほうごかす
  yざひょうを -1 から 1 までのらんすう ずつかえる
  もし たま にふれた なら
    つぎのコスチュームにする
    ヒット をおくる
    1 びょうまつ
    このクローンをさくじょする
  もし うちゅうせん にふれた なら
    しょうとつ をおくる
    このスクリプトをとめる
```

変更する

ちょうど今、コスチュームは「いんせき」の下が「いんせき_ばくはつ」、「ロケット」の下が「ロケット_ばくはつ」になっているので（2）、これが使えるね。これで、隕石とロケットがランダムに現れるゲームになったよ！

6章

「ぼくじょうのおてつだい」

落ちてくるたまごをマウス操作で拾うゲームを作ろう

この章で作るゲームの紹介

最後は、ここまでの習ったことを使って、さらに少し難しい作品に挑戦してみよう。

いつもの通り4ページを見て、先生の作品をサポートサイトから見てみよう（1）。

ゲームをスタートしてマウスを左右に動かすと、カゴを持った少年が左右に動くよ。左右からたまごが落ちてくるので、これを落とさないようにキャッチしよう。キャッチした個数が画面左上でカウントされるぞ。
この章のプログラムは、小学校では習わない内容も出てきてしまうので、もし難しく感じてしまったら、本の通りにプログラムを作るところまでで終わらせて、内容をしっかり理解するのは中学生まで待っても大丈夫。さっそく始めていこう！

少年を動かそう

まずは、少年のコードから作っていこう。いつも通り、新しいプロジェクトを作成して（1）、スクラッチキャットを消しておこう。ステージのスプライトは「はいけい.png」、少年は「しょうねん.png」として「材料BOX」「06 ぼくじょうのおてつだい」フォルダーに準備しているので、これを読み込んで、2のような画面になるように準備しよう。
同じフォルダーに、「しょうじょ.png」も準備してあるので、こちらを使ってもOKだよ。

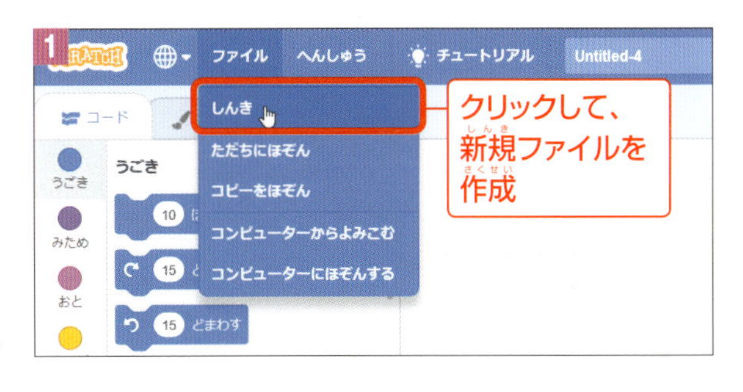

①カーソルをあてて表示される「はいけいをアップロード」をクリックして、「はいけい.png」をアップロード

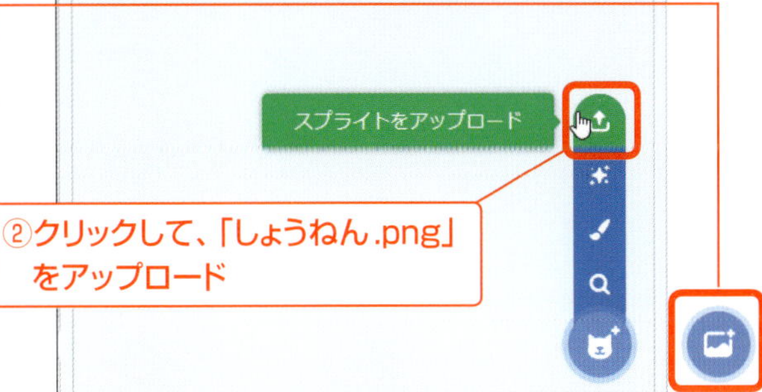

まずは、少年をマウスカーソルに合わせて動くように作っていくよ。少年のスプライトに、「イベント」グループの がおされたとき 、「せいぎょ」グループの ずっと ブロック、「うごき」グループの xざひょうを 0 にする ブロックを 3 のようにつなげる。

少年の位置は、マウスカーソルの位置にしたいので「しらべる」グループの マウスのxざひょう ブロックを、空欄の部分にはめ込むよ。

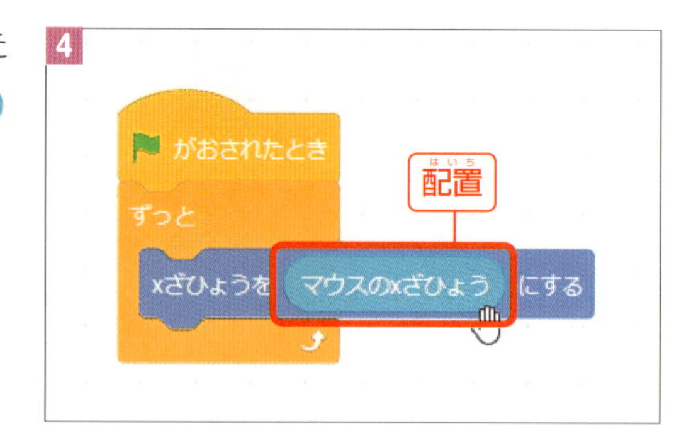

こうして、 をクリックして、ステージ上でマウスを動かすと、少年がそれにそって動くようになるぞ。ここから、ゲームを作っていこう。

たまごを落とそう

次にたまごの動きを作っていこう。このたまご、 1 のようなちょっと変わった動きをする。

この動き、「放物線」と言うんだけど、簡単には作ることができず、数学の計算が必要なんだ。くわしくは145ページを見てね。

まずは、「材料BOX」から新しいスプライトとして「06 ぼくじょうのおてつだい」フォルダーの「たまご.png」を読み込もう。左のあひるの近くに置こう（2）。

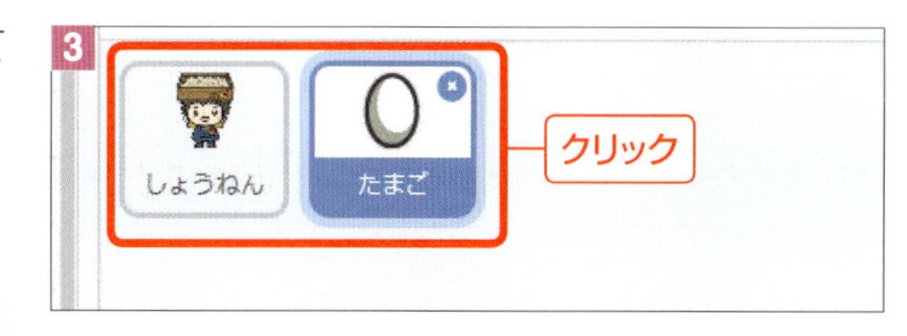

たまごのスプライトをクリックして（3）、「せいぎょ」グループの

ブロックで、

「うごき」グループの xざひょうを 10 ずつかえる を囲んで、数字を「5」に設定しよう（4）。これでブロックをクリックすると、たまごは、横には移動するようになった。

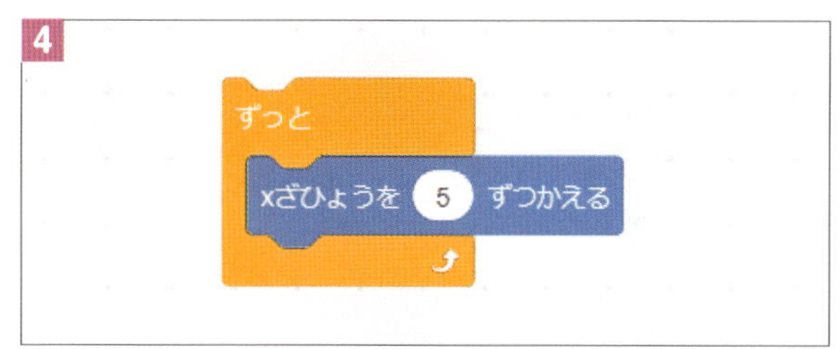

次に、「へんすう」グループの へんすうをつくる ボタンをクリックして、変数名を「いどうりょう」としよう。「このスプライトのみ」でいいよ（5）。

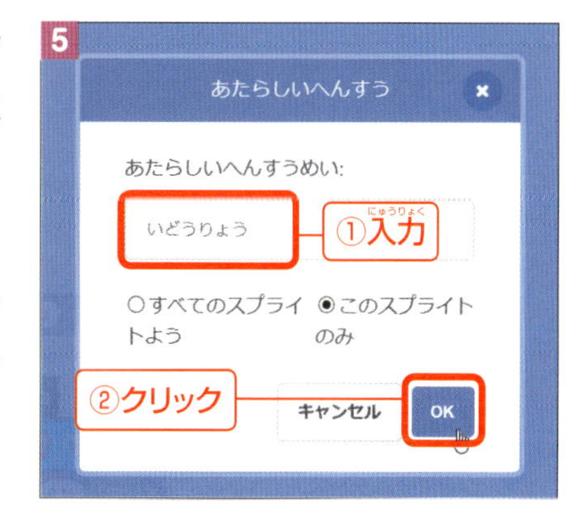

このいどうりょうという変数は、0からスタートして移動するほど数字が増えていく。その数字に応じて、「下に落ちる力」が強くなるというしくみ。

そこで、ずっとブロックの間に、いどうりょう を 1 ずつかえるブロックをはさんで、数字を「0.15」に設定しよう。この数字の大きさで、落ちる速度が変わっていくぞ。また、ブロックの先頭には速度をリセットするために いどうりょう を 0 にする を置いて「0」にしておこう（6）。

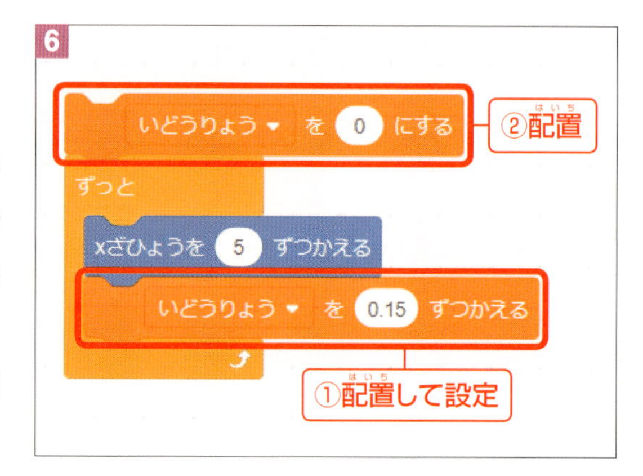

続いて、「えんざん」グループの ( ) * ( ) ブロックを置いて、左側にさらに ( ) * ( ) をはめ込んで、3つの値のかけ算にしよう（7）。

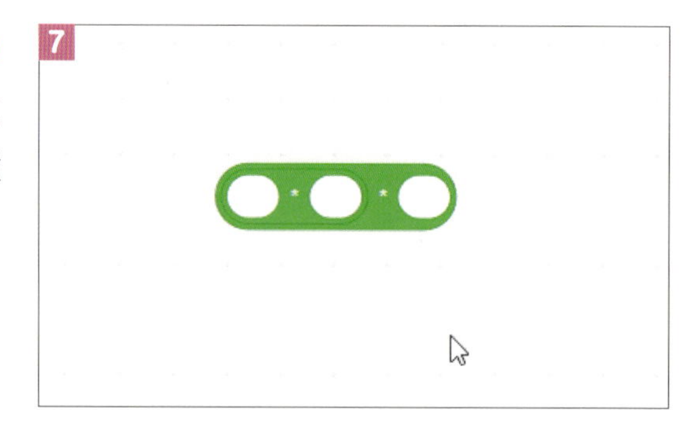

そして、左から順番に「へんすう」グループの いどうりょう を2つと「-1」を入れていくよ（8）。
これは「移動量を2乗して、さらにマイナスの数にする」ということだね。難しければ、ここは気にしなくてよいよ。

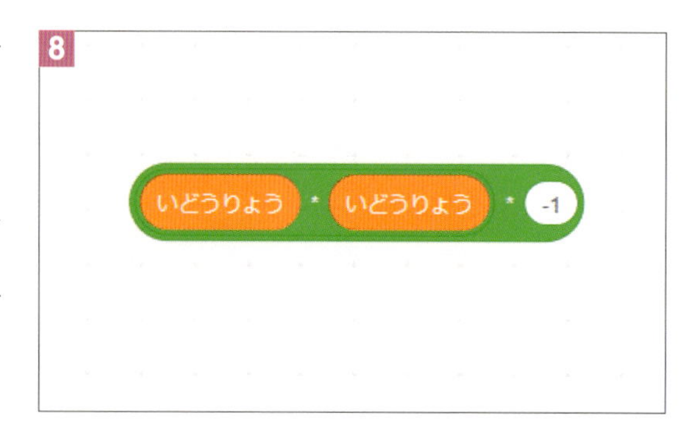

そうしたらこれを「うごき」グループの yざひょうを 10 ずつかえる ブロックにはめ込んで、ずっとブロックの中にはさんでみよう（9）。
ちゃんと、地面に向かって落ちるようになったね！

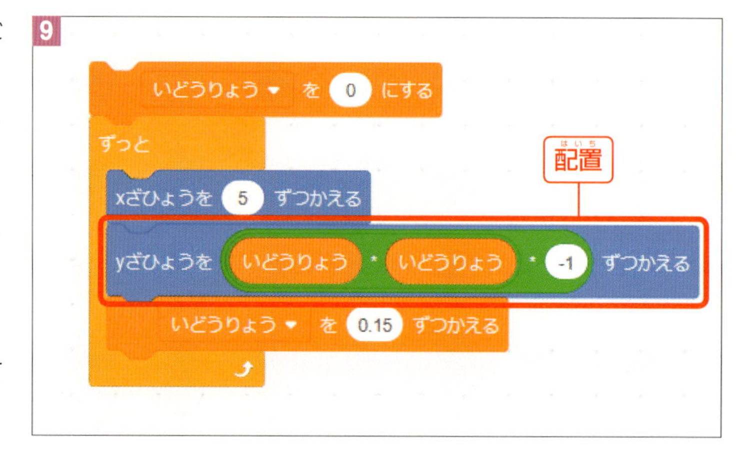

ステップアップ 放物線と二次関数

放物線や二次関数は、中学校の数学で習う分野で、1のようなグラフのこと。

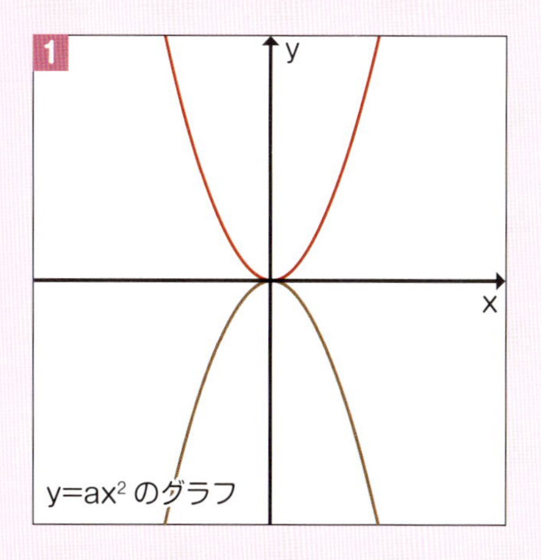

地球には「重力」があるので、ものを投げた場合でもそのまま進まず（2）にどんどん落ちてしまうんだ。しかもこの時、3のようにまっすぐに落ちずに徐々に勢いがついていく（4）。この動きを「放物線」というんだ。

正確な放物線をコードで再現するには、かなり複雑な計算が必要になってくるけれど、最も簡単に描くなら「二次関数」を使うよ。二次関数は5のような方程式。

5

$$y=ax^2+b$$

この計算式を使って作ったコードが、本文のコードだよ。6のような式を作ったんだね。

6

落ちる力＝－1×移動量²+0

（5の形にしているよ）

ゲームを作る時は、こんな風に算数や数学、物理の知識が必要になってくるんだね。リアルな動きを作ろうとすればするほど、複雑な計算になっていくよ。

たまごを次々に登場させよう

さて、それではゲームとして仕上げていこう。まずは、たまごをどんどん登場させるぞ。5章までのゲームも見なおしながら、作っていこう。

たまごのコードの空いているエリアに、「イベント」グループの、［がおされたとき］ブロックを置き、［かくす］と［ずっと］ブロックをつないで、中に［じぶんじしん ▾ のクローンをつくる］をはめ込む。このままだと、数が多すぎるので［1 びょうまつ］をつないで、「0.5」秒待つようにしよう（1）。

1

がおされたとき
かくす
ずっと
じぶんじしん ▾ のクローンをつくる
0.5 びょうまつ

そして、さきほど作ったコードは、［クローンされたとき］を先頭につないで、［ひょうじする］ブロックをつなぐ。これで次々にたまごが生まれるようになったぞ（2）。ちなみに、この時最初のたまごが地面に落ちたままだと、そこからスタートしてしまうので、あひるの横に移動しておいてね。

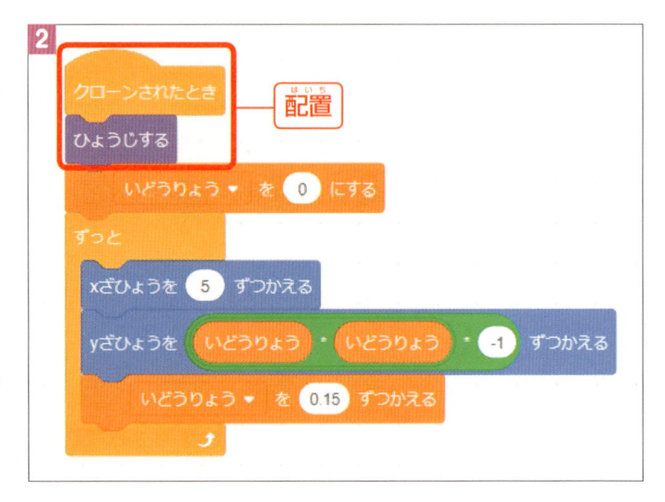

左右からたまごを落とそう

続いて、たまごを左右から生まれるようにしよう。どちらから生まれるかは、おなじみの「乱数」で決めるぞ。ただ、乱数は数字しか使えないので、「右」か「左」を乱数で決めることはできないんだ。

そこで、次のようなルールにする。

乱数が0だったら左から、乱数が1だったら右からとする

プログラムでは、よくこの「0か1か」で物事を判断することが多くて、これを「フラグ処理」なんて呼んだりするよ。
こうして決まった「右」か「左」かによって変えないといけないのは、何かというと…

たまごの落下が始まる位置＝初めの x 座標の位置

たまごが移動する方向＝進むにつれて x 座標が変わる値

だね。これをコードにしていくよ。まずは、たまごのコードを表示した状態で、「へんすう」グループの へんすうをつくる ボタンをクリックし、「すたーといち」という変数を作ろう。「このスプライトのみ」にするぞ（1）。

1
あたらしいへんすう
あたらしいへんすうめい:
すたーといち
①入力
○すべてのスプライトよう
◉このスプライトのみ
②クリック
キャンセル
OK
③クリック

そして、 クローンされたとき から始まるブロックの先頭で、「へんすう」グループの すたーといち ▾ を 0 にする を置いて、空欄には「えんざん」グループの 1 から 10 までのらんすう をはめ込んで、「0」から「1」に設定しよう（2）。

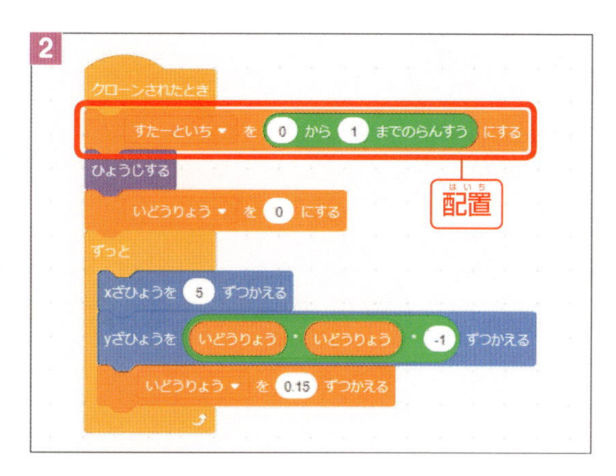

次に、 もし なら でなければ ブロックをつなごう。

ただし、空の「もし」ブロックを間にはさもうとすると、全体を囲もうとしてしまう（3）。

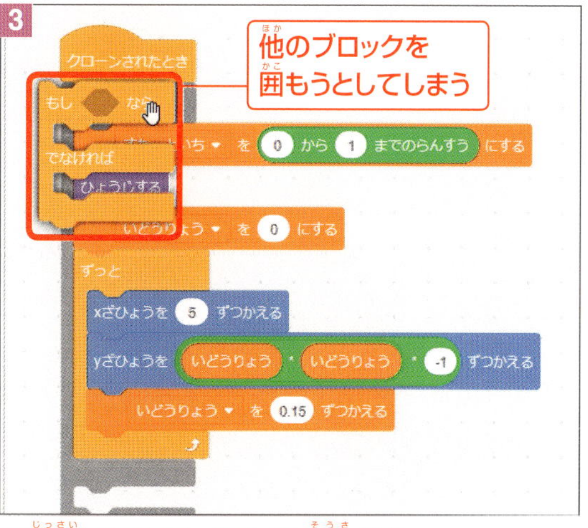

※実際にはやらなくていい操作だよ

そこで、いったん別の場所で作ってから、最後にはさんだほうがいいよ。まずは空いている場所に「もし」ブロックを置いて、ひし形のスペースには「えんざん」グループの（ ）=（50）ブロックをはめ込む。左側には「へんすう」グループの（すたーといち）をはめ込もう。右側は「0」にするぞ（**4**）。

4

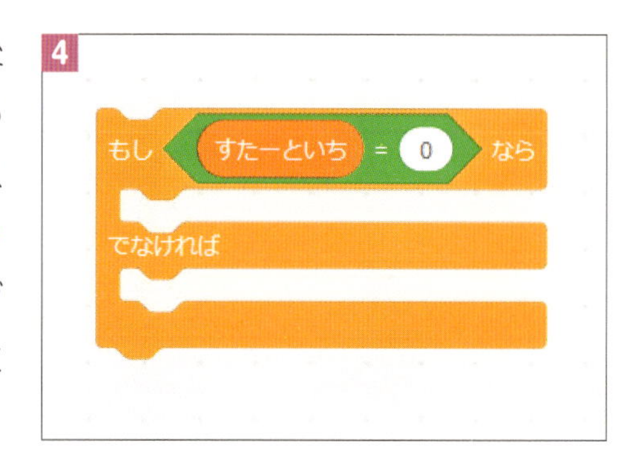

間には**5**のように［xざひょうを 0 にする］ブロックをはさんでそれぞれ値を設定しよう。
最後に、もともとあるブロックにはめ込もう（**6**）。
これにより、「すたーといち」が「0」の場合は、x が「-150」、つまり左側から始まり、そうでない場合（1の場合）はxは「150」（右側）から始まるようになるぞ。

5

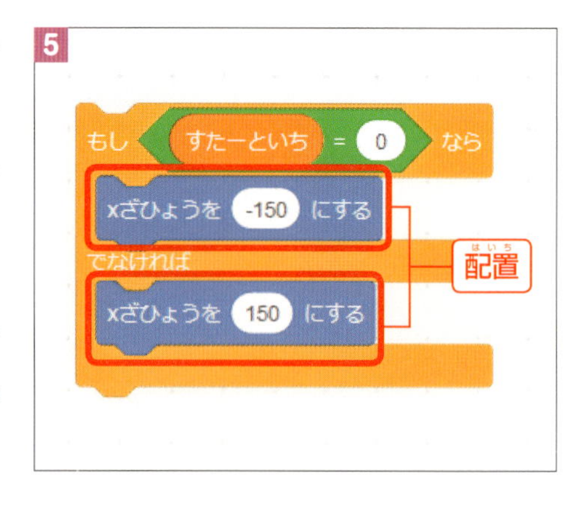

6

クローンされたとき
すたーといち ▾ を 0 から 1 までのらんすう にする
もし すたーといち = 0 なら
xざひょうを -150 にする
でなければ
xざひょうを 150 にする
ひょうじする
いどうりょう ▾ を 0 にする
ずっと
xざひょうを 5 ずつかえる
yざひょうを いどうりょう * いどうりょう * -1 ずつかえる
いどうりょう ▾ を 0.15 ずつかえる
配置

x座標で
たまごの位置を
決めてるんだよ

同じようにして、進む方向も変更しよう。「ずっと」ブロックにはさんでいる「xざひょうを 5 ずつかえる」を削除して、7のように変更するぞ。ブロックの「ふくせい」をうまく使って、作ってみてね。これでOK。

7

```
クローンされたとき
すたーといち を 0 から 1 までのらんすう にする
もし すたーといち = 0 なら
  xざひょうを -150 にする
でなければ
  xざひょうを 150 にする
ひょうじする
いどうりょう を 0 にする
ずっと
  もし すたーといち = 0 なら
    xざひょうを 5 ずつかえる
  でなければ
    xざひょうを -5 ずつかえる
  yざひょうを いどうりょう * いどうりょう * -1 ずつかえる
  いどうりょう を 0.15 ずつかえる
```

配置して設定

ゲームをはじめると、たまごが右と左から次々に飛び出てくるようになる。ゲームらしくなってきたね。たまごの高さは、あひるの腰のあたりに置いてね（8）。

キャッチをしたらカウントアップ

このゲームには、ゲームオーバーはないよ。その代わり、取ったたまごの数をカウントすることができるんだ。またまた「へんすう」グループの「へんすうをつくる」ボタンをクリックして、名前を「こすう」にしよう。これは「すべてのスプライト用」とするよ（1）。

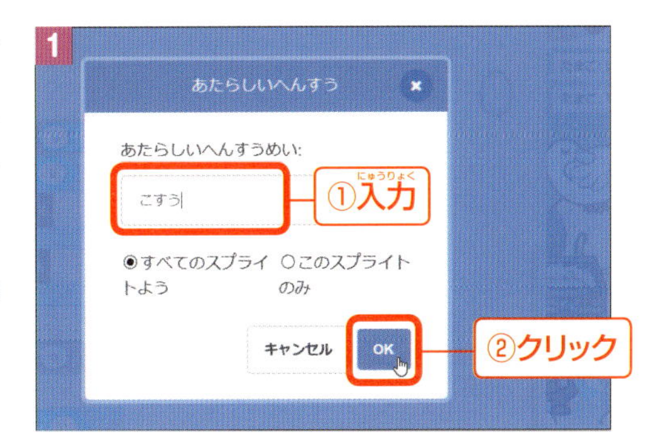

そして、たまごのコードエリアで、いったん空いている場所に「せいぎょ」グループの もし なら ブロックを置いて、「しらべる」グループのひし形ブロック、マウスのポインター▼ にふれた をはめ込んで、▼をクリックして「しょうねん」に設定する（2）。

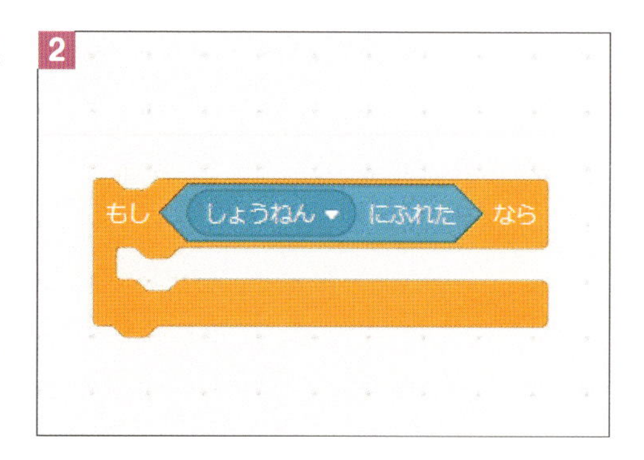

そして、「へんすう」グループから いどうりょう▼ を 1 ずつかえる をはさんで、▼をクリックして「こすう」を選ぼう。そして、「せいぎょ」グループの このクローンをさくじょする をつなげばOK（3）。これを ずっと ブロックの最後にはめ込むぞ（4）。

3

もし しょうねん▼ にふれた なら
こすう▼ を 1 ずつかえる
このクローンをさくじょする

4

ひょうじする
いどうりょう▼ を 0 にする
ずっと
もし すたーといち = 0 なら
xざひょうを 5 ずつかえる
でなければ
xざひょうを -5 ずつかえる
yざひょうを いどうりょう * いどうりょう * -1 ずつかえる
いどうりょう▼ を 0.15 ずつかえる
もし しょうねん▼ にふれた なら
こすう▼ を 1 ずつかえる
このクローンをさくじょする

ここまで作ったブロックにつなぐ

取れなかったたまごも消しておこう。たまごが取れなかった場合、たまごは少年よりも下に行ってしまうことになる。これは、y座標が「-150」よりも小さいことになるので、これを消すコードにしていくよ。

空いているコードエリアに、「せいぎょ」グループの もし なら ブロックを置き、「えんざん」グループの ( ) < (50) をはめ込んで、5のように設定しよう。yざひょう ブロックは「うごき」グループにあるよ。

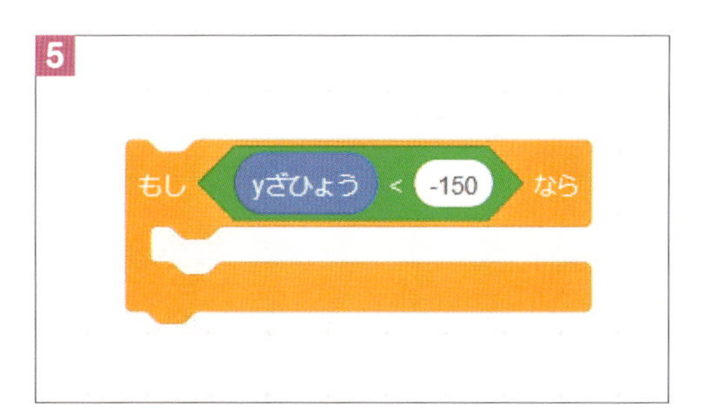

取れなかったたまごは、そのまま消してしまうので「せいぎょ」グループの このクローンをさくじょする を間にはさもう。これも ずっと の最後にはさむ（6）。

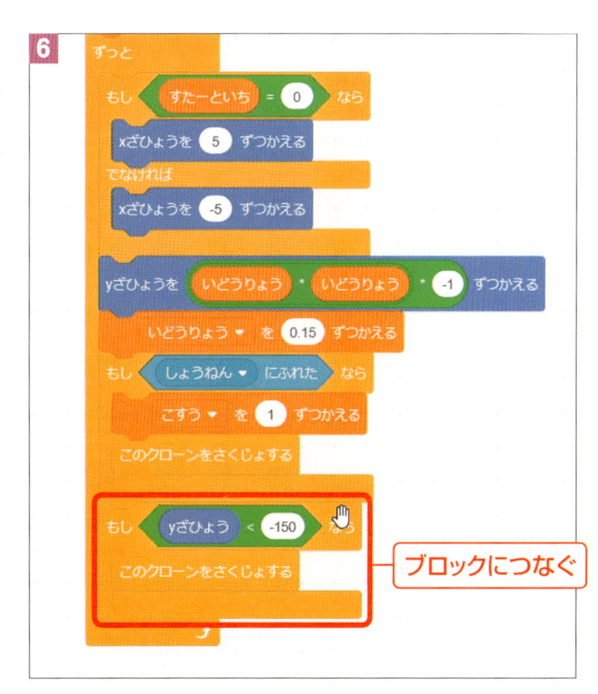

これで、ゲームとしてはほぼ完成だ。

仕上げていこう

後は、ゲームとしてより面白くなるように仕上げていこう。ここでは、たまごが出現するタイミングをばらばらにするため、クローンを作った後で「0.5」秒待っていたブロックの部分で、「えんざん」グループの ( ) * ( ) と (1) から (10) までのらんすう を使って、1のように待つ時間を乱数にしてみた。

乱数は、小数を使うことができないので「5から10」に「0.1」をかけることで「0.5から1.0」にしているよ。これで、出現するタイミングがばらばらになるので、タイミングがはかりにくくなるぞ。

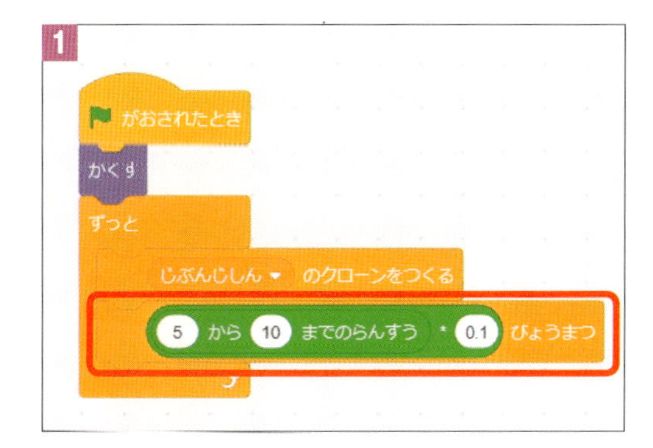

さらに、たまごのいきおいにも乱数を使いたいので、「いきおい」という変数（「このスプライトのみ」でOK）を作って乱数で数を決め、**2**のようにしてみた。

2

```
クローンされたとき
すたーといち ▾ を 0 から 1 までのらんすう にする
いきおい ▾ を 1 から 10 までのらんすう にする
もし すたーといち = 0 なら
  xざひょうを -150 にする
でなければ
  xざひょうを 150 にする
ひょうじする
いどうりょう ▾ を 0 にする
ずっと
  もし すたーといち = 0 なら
    xざひょうを いきおい ずつかえる
    xざひょうを いきおい * -1 ずつかえる
  yざひょうを いどうりょう * いどうりょう * -1 ずつかえる
  いどうりょう ▾ を 0.15 ずつかえる
```

配置して設定

こうすると、落ちる位置がばらばらになるので、これもまたゲームとしての難易度が上がるぞ。

他にも、たまごを落としたときにペナルティを与えるとか、たまごの他にキャッチしてはいけないもの（石とか）がたまに落ちてくるなど、どんどんゲームとして作り込んでいってみよう。

キミなりの、楽しいゲームを作ってみてね！

ステップアップ 変数を隠そう

このゲームでは変数をたくさん使ったので、ステージの左上が変数だらけになってしまったね（1）。

このようなときは、変数を隠すこともできるよ。「へんすう」グループにある へんすう いきおい▾ をかくす を使おう。

このブロック、ステージ上に配置することもできるけれど、ずっと隠しておくならクリックするだけで大丈夫。▼をクリックして、「いどうりょう」「すたーといち」「いきおい」を選んで、それぞれクリックしてみよう（2）。ちなみに、スプライトエリアで選んでいるスプライトによって、「へんすう」グループに表示されるブロックは違ってくるよ。それから、変数の名前の隣にあるチェックマークを外すことでも表示を隠すことができるぞ。

また、表示する場所も移動できるので、「こすう」は好きな場所に移動しよう。画面がスッキリするよ。

ステップアップ スクラッチ、こんなところに気をつけよう

3章の「ステップアップ」で説明した「バグ」や「デバッグ」という言葉。実際に自分でゲームを作っていると、「あれれ、うまく動かないぞ？」とか「なんだか動きが変になっちゃった！」なんていうことが出てくるはず。
ここでは、そんなよくあるバグをいくつか紹介するね。キミのコードも、もしうまく動かなくなったら、見直してみてね。

●繰り返しの条件が正しくない

［まで繰り返す］ブロックを使うとき、入れるひし形ブロックの種類には注意してね。

たとえば、1のコードを見てみよう。このコード、繰り返しを終わる条件を作っているけれど、いつまでたってもこの繰り返しは終わらないんだ。

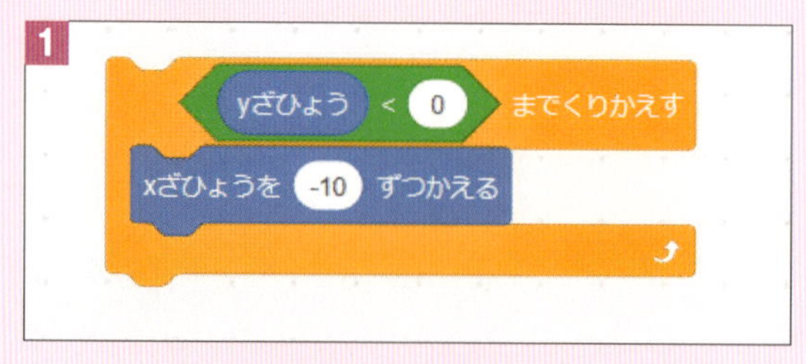

なぜなら、X座標を「－10」ずつ変えているのに、ひし形ブロックで比べているのは「Y座標」だよね。
Y座標はいつまでも変わらないので、このままだと比べる意味がないんだ。ひし形ブロックには、［まで繰り返す］ブロックの中で変わっていくものを使わないといけないよ。

●「もし」の条件が正しくない

［もし〜なら／でなければ］ブロックを使うときも、同じく注意が必要だよ。

2のようなひし形ブロックを入れてしまったとしよう。この場合、「はい」になることはないんだ。なぜなら、乱数は「1から10まで」となっているのに、「10よりも上かどうか」で判断しようとしている。ここで、10よりも上になることはないんだね。

2
もし 1 から 10 までのらんすう > 10 なら
はい と 2 びょういう
でなければ
いいえ と 2 びょういう

よくあるバグは、

と など、判断が必要な場面で発生することがほとんど。また、このようなバグはすぐに分からなくて、「しばらく待ってみる」とか「何度も動かしてみる」という「デバッグ作業」を行わないと、分かりにくいバグなんだ。
コードを作るときに「このひし形ブロックは正しいかな？」と考えながら、作ってみよう。

●スプライトが消えてしまう

3のコードを見てみよう。137ページで紹介した、スプライトが点めつするコードだね。だけど、このコードはちょっとだけちがう。ひょうじする ブロックと、かくす ブロックの順番が反対で、かくす の方が後に来ているんだ。
この場合、動きはほとんど変わらないんだけど、最後の結果がちがって、スプライトが消えたままになってしまうよ。

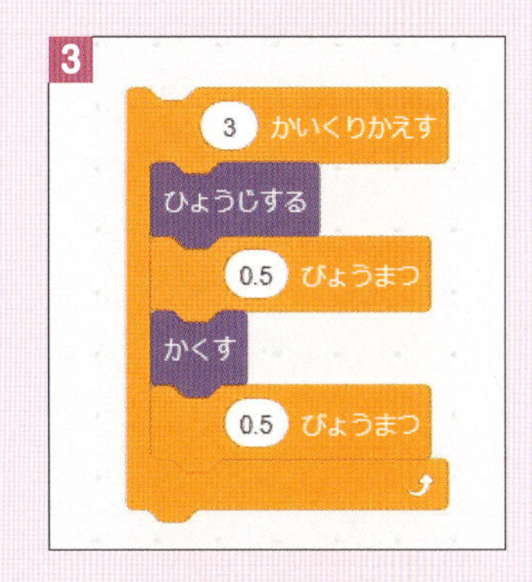

このように、ブロックの順番によって最後がうまくいかなくなるときなどがあるんだ。順番がすごく大切なので、気をつけてつなげていこう。

●メッセージが送られない

4のスクリプトを見てみよう。これだけなら、まちがえているようには見えないね。
でも、この「あたり」というメッセージを送る方のブロックが、5のようになっていたらどうかな？

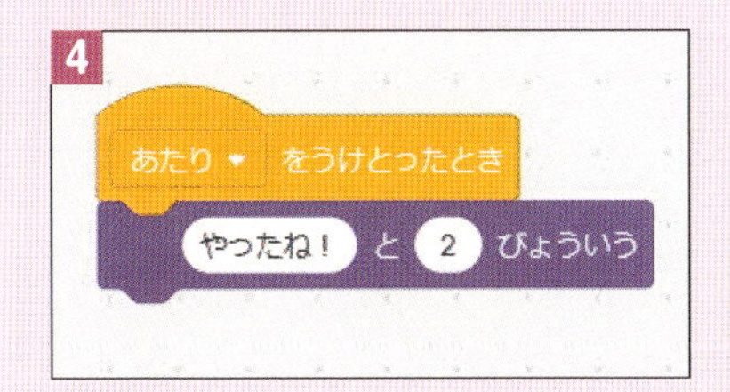

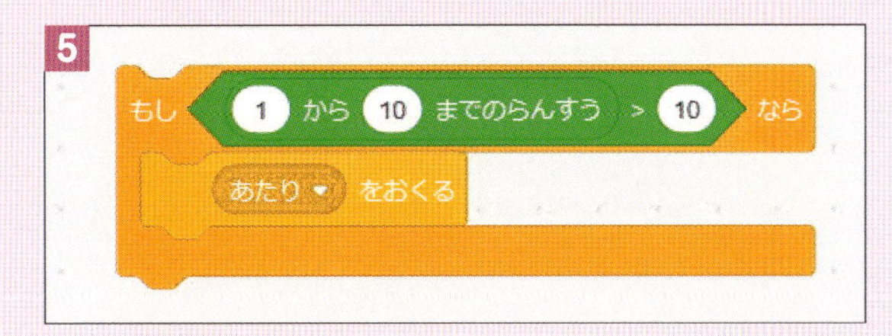

さきほども説明した、ひし形ブロックのまちがいをしているので、この「あたり」というメッセージはいつまでも送られないことになってしまう。すると、「やったね！」というセリフも言わなくなってしまうんだ。

このように、あたり▼ をおくる や あたり▼ をうけとったとき を使うとコード同士がはなれてしまうので、コードが追いにくくなってしまうんだ。

こんなとき、「デバッグ」をするときも一体どこのコードが正しくないのかが、分かりにくい場合がある。そんなときは、一時的に こんにちは! という ブロックなどをはさんだり、イベントブロックを変えたりすると、分かるときがあるよ。

たとえばこのコードの場合、最初に**4**のコードが正しいかを確認するために、ブロックを がおされたとき に変えてみよう（**6**）。

6

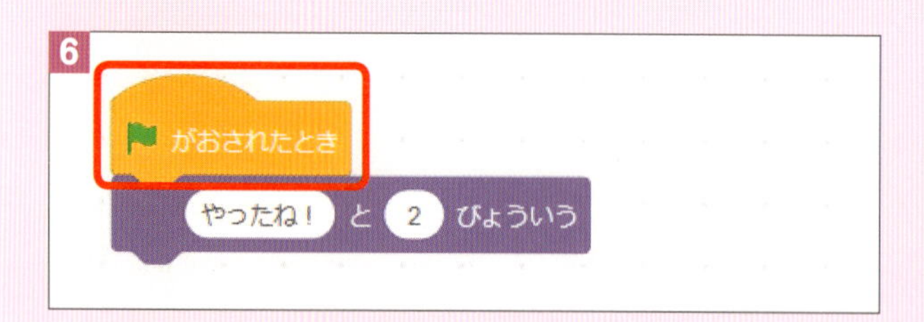

これで をクリックしたら、きちんとセリフを言うので、この部分にまちがいはなさそうだ。

では次に、**5**の方に こんにちは! という ブロックをはさんで「正しいよ」に変えてみよう（**7**）。
これで何度か動かしてみると、あれれ「正しいよ」と言わないぞ。ということで、どうやらこのコードにまちがいがありそうだと気がつくことができるんだ。

7

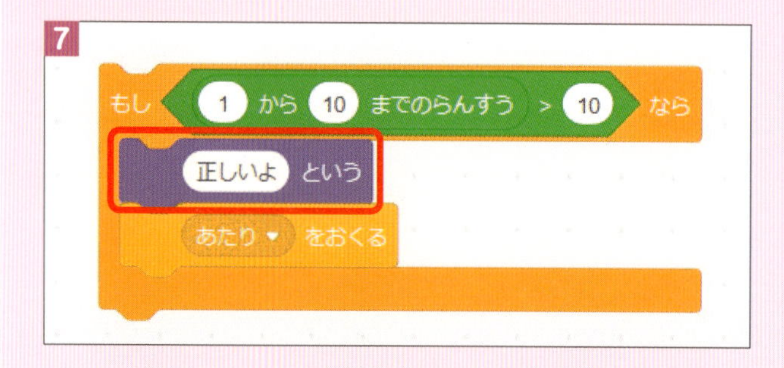

まちがいが見つかったら、今埋め込んだブロックは元に戻しておこうね。コードが複雑になればなるほど、「犯人」を探すのは非常に難しくなる。1つ1つ確認しながら、バグを探し出してみてね。

ステップアップ 作品の公開について

●作品を公開しよう

スクラッチで作った作品は、簡単にインターネットに公開して、友だちや見知らぬ人に遊んでもらうことができるぞ。ゲームができあがったら、まずは作品管理画面に移動しよう。右上でユーザー名をクリックして、「私の作品」をクリックしよう（1）。

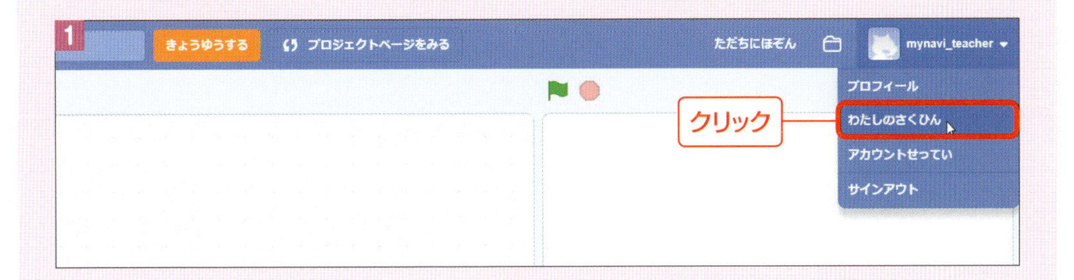

そして、公開したい作品の作品名をクリックしよう（2）。

作品のプレビュー画面に移動する（3）。右上の「きょうゆうする」ボタンをクリックすれば、世界中に公開することができるよ。ただし、先に「つかいかた」のボックスと「メモとクレジット（これは、メモなどを残しておくといいよ）」のボックスに一言書き込もう。さらに、作品名もきちんと記入できているかを確認してね。

準備ができたら、いよいよ共有だ。「きょうゆうする」ボタンをクリックすると「プロジェクトが、きょうゆうされました。」と表示されるよ（4）。このとき、Webブラウザーのアドレスらんに表示されている次のようなアドレスを、友だちなどに教えてあげれば、友だちもインターネットを通じて遊ぶことができるよ。

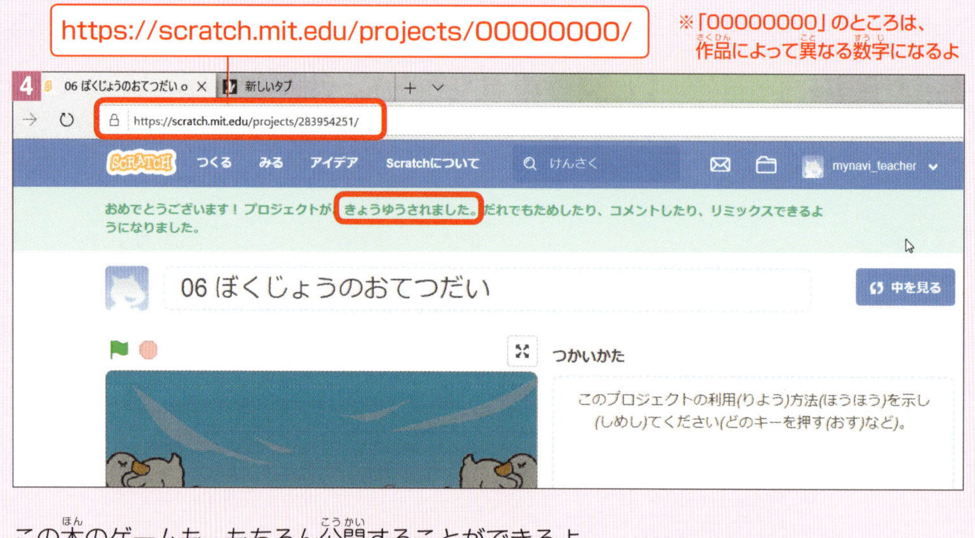

この本のゲームも、もちろん公開することができるよ。

●スタジオを作ろう

いくつかのゲームができあがったら、それらを「スタジオ」にまとめて、整理して公開することができるぞ。
作品一覧画面で、右上の「新しいスタジオ」ボタンをクリックしよう（5）。

6のような画面が表示されるので、「プロジェクトを追加」ボタンをクリックすれば、自分が作った作品の一覧が表示されるので、自由に追加することができるぞ。

あとは、スタジオの名前や写真、説明などを記入して、表示されているアドレスを友だちに教えたりすれば、たくさんの作品を一度に遊んでもらうことができるよ。
スタジオは、自分の作品だけではなく、他の人の作品を集めたり、複数のユーザーで管理をして作品を追加し合ったりもできるんだ。どんどん使っていこう。

●公開する作品についての注意

作品を公開する場合、インターネットに公開されてしまうのでいくつか気をつける点があるぞ。

「他の人の画像や写真を勝手に使わない」

公開するゲームに、他の人が作った画像や写真を勝手に使ってはいけないよ。

「他の人の顔などが写った作品を公開しない」

友だちや、知らない人の顔や個人が特定できるような情報を書いたり、撮影したりして公開しないようにしようね。

「他の人を傷つける内容や、危険な内容にはしない」

友だちなどを傷つけるような内容や、誰かが怒るような表現はしないようにしよう。

心配なときは、必ず親や先生に確認をしてから、公開して良いか許可を取ってね。

ステップアップ そのほかのスクラッチの機能

スクラッチには、まだまだ本書では紹介しきれなかった機能がたくさんあるぞ。ここでは、一気に楽しい機能を紹介していこう。

●画像効果

「みため」グループにある画像効果のブロックを使うと、スプライトにさまざまな効果を与えることができるぞ。それぞれ紹介していこう。

・いろ

塗りつぶされている色を変更できる

・ぎょがんれんず

スプライトの一部を丸く拡大できる

・うずまき

うずまきに巻き込まれたように、画像が歪む

・ピクセルか

画像の粒（＝ピクセル）を強調して、昔のゲームっぽくする

・モザイク

スプライトを小さくして敷き詰める

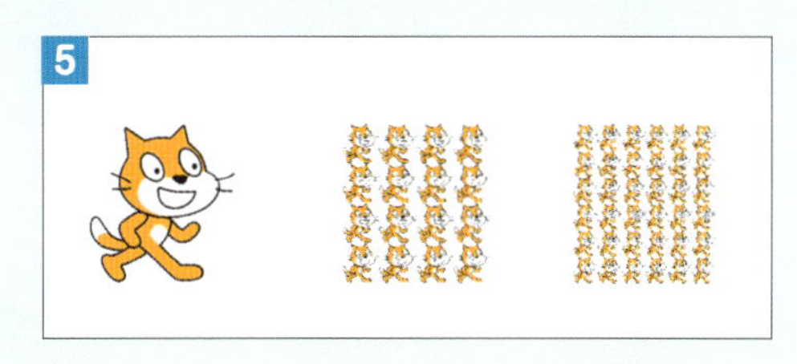

・あかるさ

画像の色を明るくする

・ゆうれい

色を薄くする

●日付を扱う

「しらべる」グループには、今日の日付や時間を知ることができるブロックがあるぞ。これを使えば、1のように今日が何日かを教えてくれるプログラムや、実行する日によって変わるメッセージなどを作ることができるぞ。

●ブロック定義

イベントは、ブロックに対して1つしかつなぐことができない。そのため、71ページでは2つのイベントにそれぞれ音を鳴らすプログラムをつないだね（1）。

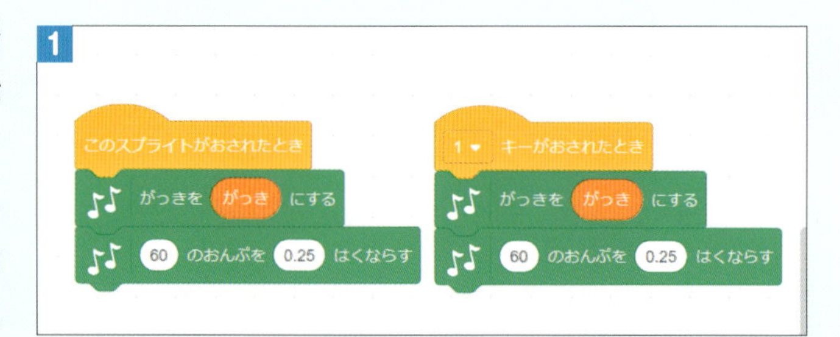

しかし、あのプログラムは少し効率が悪い。なにか変更を加えたいときに、それぞれのブロックに変更を加えないといけないね。そこで、いくつかのブロックをまとめて1つのブロックにまとめてみよう。「ブロックていぎ」グループの「ブロックをつくる」ボタンをクリックすると、2の画面が表示されるので、ブロック名を入力しよう。すると、「ブロックていぎ」グループにブロックが表示され、使うことができるようになるんだ（3）。

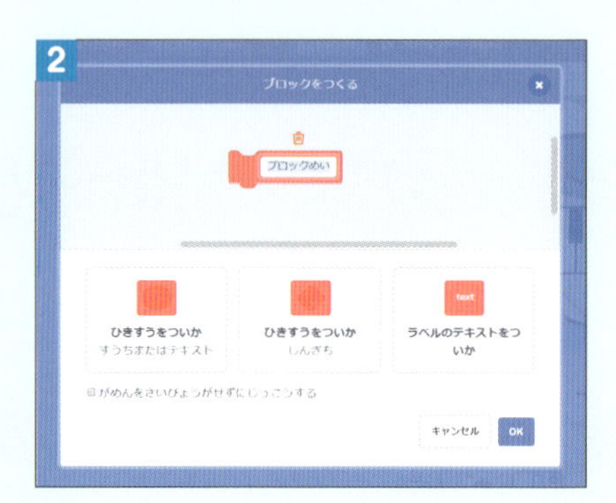

また、「ていぎ」というブロックがコードエリアに追加されているので、ここでは音を鳴らすためのプログラムを作ってみた（4）。こうすると、おとをならすを使うだけで済むようになるんだ。複雑なプログラムが作れるようになるので、プログラムに慣れてきたら使ってみよう。

ステップアップ 拡張機能を使おう

69ページでは、「おんがく」という拡張機能を使ったね。ここでは、その他の拡張機能についても紹介していこう。

●ペン

スプライトを使って、線などを描くことができるぞ。（ペンをおろす）というブロックを使うと、スプライトの中心がペン先となるので、「うごく」グループの各ブロックを使ってスプライトを動かしてみよう。ペンで線を描くことができるぞ。たとえば、1のようなコードを作ると、2のような図形を描くことができる。ペンの色や太さも変更できるぞ。
また、（スタンプ）を使うとスプライトをスタンプのように残すことができる（3 4）。ただし、127ページで作った「クローン」とは違って、それ自体にコードは作れないぞ。

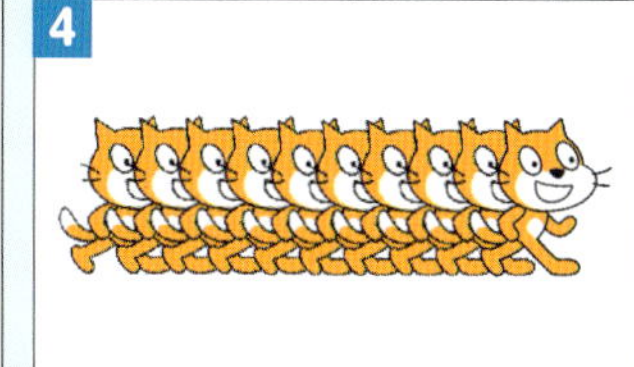

● ビデオモーションセンサー

PCやタブレットのカメラを使って、プログラムを作ることができるぞ。まずは、（ビデオを いり にする）を使おう。すると、ステージの背景にカメラで撮影された画面が表示される。
そして、（ビデオモーション > 10 のとき）というブロックにつないで、ブロックをつなぐと、そのスプライトをカメラ越しに触ることでプログラムを動かすことができるぞ。たとえば1の場合はスクラッチキャットに触ると「いてっ」と言うようになる（2）。
この（ビデオモーション > 10 のとき）というのは、撮影されている映像の色などの違いの量を見ているよ。たとえば、電気をつけたり消したりするとか、カメラを手で覆うとか、人が通りかかるなど、映像に違いがあったときに反応するぞ。どのくらい敏感に反応するかを数字で調整しよう。

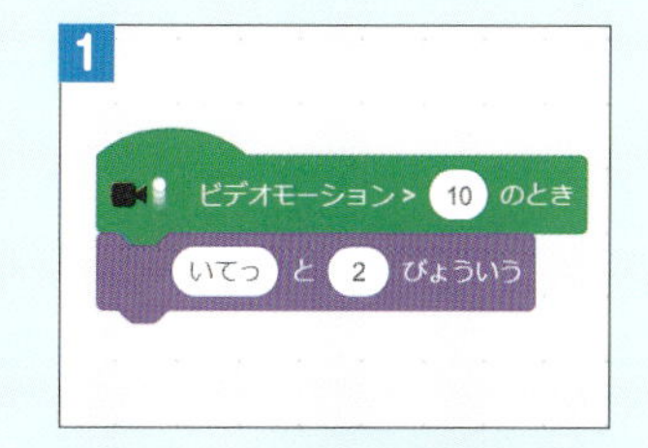

●おんせいごうせい

スクラッチに言葉をしゃべらせることができるぞ。たとえば、1のプログラムを実行すると、「なんていう？」と聞かれるので好きな言葉を入れてみよう。吹き出しに表示されると同時に、スピーカーから声が聞こえてくるよ。
言語を「Japanese」（日本語のことだね）に変更するのを忘れないようにしてね。

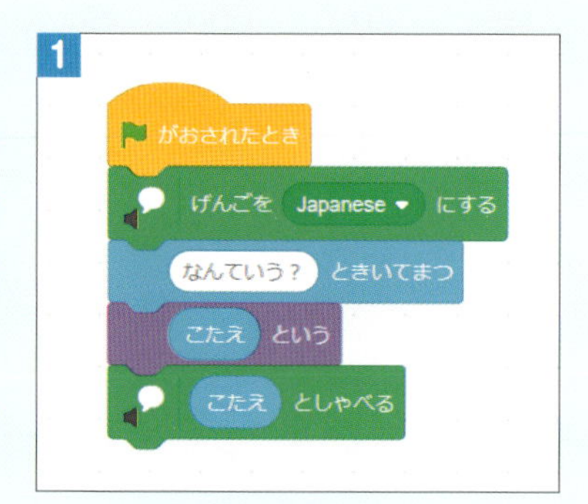

●ほんやく

「翻訳」というのは、たとえば「こんにちは」を英語で「Hello」というように、外国の言葉に変えること。1のようなプログラムを作って実行すると、「なにをえいごにする？」と聞かれるので、好きな言葉を入れてみよう。英語にして表示してくれる。
前の音声合成を組み合わせれば（2）、英語にしてしゃべってくれるぞ。

1
がおされたとき
なにをえいごにする？ ときいてまつ
こたえ を 英語 にほんやくする という

2
がおされたとき
なにをえいごにする？ ときいてまつ
へんすう を こたえ を 英語 にほんやくする にする
へんすう という
げんごを English にする
へんすう としゃべる

●その他、ハードウェアと連携する拡張機能

この他の拡張機能は、それぞれ専用のハードウェア（別売り）が必要になる。興味があったら、おとなの方と相談をして購入してみよう。

- Makey Makey
- micro:bit
- LEGO MINDSTORM EV3
- LEGO Education WeDo 2.0

本書のプログラムおよび紙面で利用したイラストについて

本書のプログラムおよび紙面で利用したイラストは、イラストレーターの「はざくみ」さんに描いてもらったものです。本書の作品のリミックスでも、もちろん自分で作った作品でも、自由に使っていただけます。紙面では登場していない隠れキャラがいるかもしれないので、ぜひ素材ファイルの中を探してみてください。

●2章 くじらピアノ

●3章 ペンギン先生の計算ゲーム

●4章 ひつじヘルプ

●5章 うちゅうでシューティング

●6章 ぼくじょうのおてつだい

●はざくみ

神戸市在住のイラストレーター。
書籍イラストやキャラクター制作などをしています。

https://hazakumi.com/
Twitter:@hazakumi

おわりに

この本では、スクラッチを使っていくつかのゲームを作ってみたけど、どうだったかな？

楽しかった？ 難しかった？ 後ろの方のゲームは、結構コードが複雑で作るのが難しかったかもしれないね。

もし、完成されたコードをいきなり見せられたら、「なんだこれは！」とびっくりしてしまうかもしれない。

でも、この本で一緒に作ったみたいに一つ一つ、順番に組み立てていくと、作れたんじゃないかな？

先生だって、このコードをいきなり全部すらすらと作れたわけではないんだ。少しずつ、「まずは横に動かしてみよう」「次は下に落ちるようにしてみよう」「次は……」と、徐々に組み立てながら完成に近づけていったんだ。

コードを組み立てるのは、この「徐々に」というのがすごく大切だよ。いきなり、難しいコードを組み立てたとしたら、うまくいかないかもしれない。だけど、少しずつ簡単なところから組み立てていけば、作り上げることができるんだ。

最初は、自分で作ってみたいゲームがあってもなかなか思い通りには作れないかもしれない。そんな時は、たとえばいくつかの機能はあきらめてしまったり、簡単な物にして、まずは形にしてみるところから始めてみよう。

それでも難しかったら、一度その作品はやめておいて、他のもっと小さなゲームにチャレンジしてみて。いくつか小さなゲームを作るうちに、それまでは作れなかったゲームが今度は作れるようになっているかもしれないよ。

どんどん、いろいろなゲームを作ってみてね。

2019年3月　たにぐちまこと

PROFILE

たにぐち まこと
1977年生まれ。小学校の時、父親のパソコンで遊んだゲームをきっかけに、パソコンの面白さに目覚める。プログラミングの学習を始め、ゲーム制作などを行い、ゲームクリエイター養成の専門学校に入学。その後、インターネットの魅力に見せられて、インターネット関連の企業へプログラマーとして就職し、2002年に Webプログラマーとして独立、株式会社エイチツーオー・スペースを設立して、Web制作プロダクションとして活動している。2018年にプログラミング教育を行うともすた合同会社を設立。クリエイター向けの入門書籍の執筆や、講演、講師活動などを通じてクリエイターの育成を助けている。主な著書に『これからWebをはじめる人のHTML&CSS、JavaScriptのきほんのきほん』『よくわかるPHPの教科書　【PHP7対応版】』(マイナビ出版刊) など。

STAFF

執筆：たにぐち まこと
作例制作：たにぐち まこと
カバー・本文イラスト：はざくみ
ブックデザイン：三宮 暁子 (Highcolor)
DTP：シンクス
マウス素材：Illust AC (作者：toto)
担当：伊佐 知子

いちばんはじめのプログラミング

Scratch(スクラッチ)で、作りながらかんたん・たのしく学ぼう

2019年　4月15日　初版第1刷発行

著者　たにぐち まこと
発行者　滝口直樹
発行所　株式会社 マイナビ出版
〒101-0003　東京都千代田区一ツ橋2-6-3 一ツ橋ビル 2F
TEL：0480-38-6872 (注文専用ダイヤル)
TEL：03-3556-2731 (販売)
TEL：03-3556-2736 (編集)
E-mail：pc-books@mynavi.jp
URL：https://book.mynavi.jp
印刷・製本　シナノ印刷株式会社

ISBN 978-4-8399-6809-0